轻松的智慧

〔法〕奥利维耶·普里奥尔 著　王师 译

上海文艺出版社

目 录

导言		1
一	继续	5
二	开始	17
三	10000小时的诱惑	29
四	神助的状态	47
五	寻找合适的姿势	63
六	滑行的艺术	73
七	停止思考	83
八	无需瞄准,达成目标	105
九	注意力的秘密法则	127
十	梦的力量	155
尾声		177
致谢		181

导　言

　　本书缘于笔者和自己的编辑兼好友埃尔莎的一次交谈。我之所以强调她的好友身份，是因为当时我们并不是在工作，而是在饭桌上。这不是一场职业性质的对话，既不涉及新的写作计划，也无关出版合同的商讨。交谈的唯一目的就是交谈本身，和家人在一起，就着一桌家常便饭，还有一瓶好酒。谈话的具体内容我已经记不清了，可能谈到奔跑嬉闹的孩子们，谈到如何让他们上床睡觉。谈到我们为了让孩子做我们想让他们做的事而白费的各种力气。或许随他们去就行，等玩累了，他们自然就会睡着。毕竟，今晚就是准备放松的，明天又不用上学，小时候，还有比最后躺倒在沙发上、听着大人们的闲聊进入梦乡更愉悦的事情吗？上床晚，睡得香，美好的童年回忆。没错，你说的对，埃尔莎说，说到底，何必对着干呢？我们再来一杯。

　　几分钟后，孩子们已然酣睡，我们没费一分力气，甚至完全没有意识到他们睡着。最后居然还挺轻松，埃尔莎说。我想我正是在那时同她谈到了这个点子。轻松，这主题不错。我们总认为要取得成果，就必须不惜代价艰苦努力，要变美就得吃苦，任何事想要做好都得加油干，无论是求爱，还是学钢琴、打网球、说英语，就连心理医生也说要"自我锻炼"，因为从小社会就不断告诉我们"一分耕耘，一分收获"，工夫不亏人，不劳不获。但我坚信事实正相反。有些情况下，努力不仅无用，而且会适得其反。例如，费劲从未使人更美，除非你爱的是吃力本身。相反，美丽恰恰是以恬适、沉静、以及与自身的和解为前提的。当然，我并不是说所有的努力都没有用，然而有些目标只能通过间接的途径来达成。必须真诚地丢开达成它们的想法。放轻松。不能有目的性。不妨以吸引他人为例：还有什么比一个试图吸引你的人更没吸引力呢？那是笨拙、直接、造作而缺乏想象力的做法。一试准完。甚至未试先败。这在试图取悦别人的时候就能体会到：越想避免笨手笨脚，就越是笨手笨脚。反过来说，还有什么比一个并不专盯着你，而只是做自己、做自己喜欢的事的人更有吸引力呢？要吸引他人，就不能带着这一目的去行事。归根结底，它的结果总是从一开始就注定了。我们心里都很明白。两个人之间要么来电，要么不来电。既如此，又何必要为达成目标而拘谨害怕、进退失据呢？目标不存在：它既不是射击的标靶，也不是要征服的险峰。你有没有闻到一股焦味？我们聊得投机，忘了把烧洋葱的炉火关小了。没事，就是焦点而已。说到焦，正好聊聊洗锅这件事！把锅烧煳，烧焦的食物粘在锅底时，最有效的做法就是用水泡，而不是着急地把焦煳的东西铲掉。当然，我并不是说不需要铲掉锅底的煳，我的意思是，当铲锅底没什么效果的时候就别忙着铲。等待时机，这不是不作为，而是更好地作为。你知道，我喜欢"机场书"，也就是人们上飞机前购买，旅途中一边欣赏舷窗外的景色，一边有一搭没一搭地翻阅的那些书。但不知不觉中，它们会改变我们的看法和行为。这不是哲学，不是新闻调查，更与个人成长无关，这是观念调查，《纽约客》记者马尔科姆·格拉德威尔（Malcolm Gladwell）式的观念调查。当格拉德威尔对某个观念感兴趣，他会探寻其来龙去脉，考察它如何改变了某些人的生活，然后写成文章或书籍发表。如果要我写一本机场书的话，我这本书的主题将会是"轻松"。

这时埃尔莎放下酒杯，用她可怕的编辑的眼神看着我："这本书什么时候能出？"那一天就是我这本书诞生的日子，它缘于两个朋友在餐桌上的一场漫无目的的谈话。它本身就是在不经意间诞生的，这与它要谈论的主题"轻松"再匹配不过。它既不是什么写作计划，也不是我千方百计要达成的某个目标，它没有任何事先的意图，也无意要说服谁、和谁谈判。如今你们手中的这本书所呈现的，无非是些显而易见的东西。我希望此书能够像它诞生时那样，在不经意间实现其目的；我也希望读者们能在书中享受到启迪此书的那场对话的自然随意。

一

继 续

> 在某种程度上说,这还尚未开始。
> ——阿尔贝托·贾科梅蒂[1]

万事开头难。事情从哪入手?要按怎样的顺序做?当我们晃着手中的酒杯侃侃而谈时,我们并不考虑以上这些问题。在闲谈中,我们说着想要说的话,谈不上有什么顺序。聊天总是已然开始了的,我们要做的只是聊罢了。然而一旦到了提笔写作的阶段,各种问题就开始来了。或者更确切地说,那个关于开始的核心问题就来了。不瞒你说,这个开头我反复写了不知道多少次。每次都重新来过。你听说过希腊神话中音乐家俄耳甫斯下到冥间救妻子欧律狄刻的故事吧?我就像俄耳甫斯,不往前走,却回头去看,而这一看就把刚刚从虚无中夺来的东西给丢了!冥界和遗忘之神哈德斯对此说得很清楚:"俄耳甫斯,你芦笛吹得如此之妙,你的音乐令我陶醉,因此我破例同意你把妻子带离死的王国,但有一个条件:在见到阳光之前,你绝不能回头看你的妻子。你明白了吗?"哈德斯这番话真是再清楚不过了。协议简单

---

[1] Alberto Giacometti(1901—1966),瑞士超现实主义雕塑家、画家。——译注

明了，没有任何小字书写的陷阱条款。哈德斯把一切都放在了明面上，尽管他的要求有些奇怪。为什么不让俄耳甫斯回头看妻子呢？这样的禁令不是恰恰会激起人们违反它的欲望吗？希腊人在神话中倾注了他们的全部智慧，好让这些神话通俗易懂。俄耳甫斯神话的教诲极为简单：如果想达成目标，就得心无旁骛，永不回头。

为什么？你应该知道个中原因。因为如果不是这样，犹疑便会占了上风。一旦停下脚步，就会失去冲劲，不进则退。盘算而不行动就丧失了自然。犹疑意味着失败。这就像吓呆的爱人胡说八道，走钢丝者或餐厅服务生也是如此。走钢丝者应保持自己向前直视的视线，绝不能往下或往后瞧，甚至不能向上望。他的视线助他稳步向前。餐厅服务生的处境虽然不像走钢丝者那样危险，但同样要在行动中求平衡：他们一边喊着"当心热菜"，一边辟出一条神奇的路线，托着易碎的杯盘和易洒的汤水避开障碍物。摩西分开红海也不过如此！命运青睐勇敢的人。我们应大步前行，不要回望。

经过长期的、过长的准备，我如今终于下定决心，要义无反顾地前行了。为什么？为了试试这能否行得通。我想看看这本书，它当然不会自己写就，那就太美了，我想看看它能否按其提倡的方式诞生，想看看它能否证明它给出的建议是可行的。这些建议来自何处？放心，不是我自创的，但我全都亲自试过。它们是我从交往与阅读中一一收集而来的实用经验，日常也时时用到，因此有时都没意识到它们的存在。我也向哲学家、艺术家、运动员取经，甚至还包括虚构人物。他们当中既有思想者也有行动者——两种品质时常体现在同一个人身上：笛卡儿、蒙田、柏格森、巴什拉、帕斯卡、阿兰、西拉诺·德·贝尔热拉克（Cyrano de Bergerac）、罗丹、杰拉尔·德帕迪约、拿破仑、香奈尔、雅尼克·诺阿（Yannick Noah）、齐达内、司汤达、弗朗索瓦兹·萨冈、大厨阿兰·帕萨德（Alain Passard）、走钢丝者菲利普·珀蒂（Philippe Petit）、精神分析师弗朗索瓦·鲁斯唐（François Roustang）、自由潜水运动员雅克·马约尔（Jacques Mayol）、钢琴家埃莱娜·格里莫（Hélène Grimaud）……还有一些读者会在阅读过程中逐步遇到。总之，我是拿来主义。

你会注意到，这些人主要来自法国。这并非偶然，我们总要从比较熟悉的地方开始挖掘，哪怕之后会挖到他人已经挖过的地方。不时会有交叉。轻松固然不是法国人的专利，但确实有一种典型的法兰西轻松观。我们现在就避开思想民族主义的暗礁，来对此详加剖析。这里的"法兰西"主要是从地域而非血缘的意义上说的，它尤其是语言和精神层面上的。法兰西观念只能是那些能够普世化的观念。法兰西精神包容并蓄，这种开放性是它的力量所在，造就了它的美丽，是它真正的高贵之处。如夏尔·佩吉[1]所言，笛卡儿的确是一位"健步而行的法兰西骑兵"。不过与佩吉相反，笛卡儿之所以参军，不是出于爱国主义的感召，而是为了游历世界。笛卡儿发明的方法使思想对所有人来说都更为轻松，他提出的"我思"人人都可理解，不属于任何人，正是出于这个原因，像黑格尔这样一位典型的德国哲学家才会说笛卡儿不

---

[1] Charles Péguy（1873—1914），法国诗人、哲学家，将基督教、社会主义、爱国主义炼为一炉，于第一次马恩河战役中阵亡。——译注

仅是法兰西哲学的英雄，更是整个现代哲学的英雄。观念属于把握了它们的人，方法属于运用它们的人。

这一本身就只是一个观念、"一个特定的观念"的法兰西，同样存在于以浓缩形式出现的有关巴黎的集体想象之中：巴黎，这一一切自由的国际象征，思想家和艺术家的梦想之城。埃尔莎·特里奥莱[1]，路易·阿拉贡的缪斯，曾在那本题为《外国人的聚会》(*Le rendez-vous des étrangers*)的书中描写了这个国际化的巴黎，毕加索、夏加尔和贾科梅蒂在这里如鱼得水："蒙帕纳斯的人们组成某种外籍军团，这些人良心上唯一感到不安的就是远离了他们的国家、他们的家乡……巴黎把这个角落留给了我们……这个离乡者的家乡，它就像圣母院和埃菲尔铁塔一样属于巴黎。每当这个小小的群体中闪现出某个天才人物的耀眼光芒，被这辉煌照亮的仍是巴黎的天空。"1948年刚到巴黎的时候，华裔画家赵无极会说的唯一一个法语词就是"蒙帕纳斯"，他就像说"芝麻开门"一样把这个词告诉了出租车司机。他说的不是蒙帕纳斯火车站，而是那个令未来画家梦想的神话般的所在。赵无极此后的生命时光都是在蒙帕纳斯度过的，他的画室就在贾科梅蒂的画室附近。生于中国只是偶然，心灵的需求使他成为法国人，不过他的法兰西是蒙帕纳斯。

你看到了吧，不是法国人也会受到"法式"生活艺术的吸引。究竟什么是"法式"生活艺术？试图精确定义它，反倒会错失精髓，即：通过保持神秘感来维持吸引力。十七世纪，即"路

---

[1] Elsa Triolet（1896—1970），俄罗斯裔法国女作家，1945年成为第一位获得龚古尔奖的女性。她是法国作家阿拉贡的妻子，苏联诗人马雅可夫斯基是其姐夫。——译注

易大帝"路易十四的世纪，智者们以一种贵族化的方式定义那种使伟大作品区别于一般作品的优良品位，称之为"无法言说之物""毫厘之差"。成功并不取决于所付出的劳作，恰恰相反，成功是让人看不出费了多大劲，是艺术家达成目标的那种自然随意、显而易见的轻松。诚然，艺术家需要劳作，但他应该像优秀的魔术师、懂礼数的君子那样把下的工夫隐藏起来。这种鄙视劳动的法式轻松观源于十七世纪的宫廷文化。法国大革命后新兴的市民社会自然采取了相反的态度，人们开始极力强调平等以及劳作的价值。人与人的区别不在于出身贵贱，而在于价值和贡献，所以公民们，干活吧！不过，轻松的观念虽然源于王政，却在大革命中幸存了下来，仿佛大革命非但没能消灭王权，反倒让它扩散到了全社会，把每个公民都变成了国王。国王（roi）已死，自我（moi）万岁！法国人之所以如此散漫、任性、爱发牢骚，那是因为每个法国人心中仍住着一个随心所欲的国王。此外再加上美食，加上极度追求自由的天性，某种美的品位，以及无论如何要说倒对方的欲望，你便有了让法兰西精神如此诱人的"无法言说之物"大致但精确的配方。这种精神混合了贵族的高傲和平民的粗鲁，对看似无关紧要的东西极为重视，对某些重要环节漫不经心，简言之，某种对同时意味着优雅和愉悦的轻松的追求。这种轻松的极致是"精心设计的不修边幅"：花费数小时精心准备，就为了让自己显得没有准备。比如"头发做得像没做"：我不能让人看出头发是在美容院做过的。为了让自己看起来自然而然是这样，我不惜在盥洗室的镜子前花上数小时。这几页的文字其实是我用了几个月绞尽脑汁写出来的，但我想让它读起来像是我即兴发挥的产物。真正的优雅总是伪装成自然。你看到了吧：

为了达成这种轻松，我们恰恰需要花费大量心血。让自己在他人面前显得轻松自如，这实在是一门艺术，它甚至是一切艺术的巅峰，没有比它更难的了。更难更美的或许只有一样，那就是：不仅表现得轻松，更要切身感受、体验、享受轻松。不仅是某些瞬间、偶尔的化境，而是持续、确定、彻底地活在轻松里。巴什拉曾说过："若说愉悦是自然而轻松的，那么幸福则是学得的。"从愉悦抵达幸福，这是个大工程。加斯东·巴什拉是索邦大学的教授，他留着大白胡子，看起来和魔法师梅林有几分像，目光狡黠，对想象力、友谊和诗歌充满热情，在他看来，这三者是这一幸福不可或缺的组成部分。我会在本书中介绍他的思想方法，也会介绍其他思想家的方法，因为可选择的道路不止一条，它们有些彼此交叉。在我们接下来将要共处的这段时间里，我将向你指出在我看来值得借用（在各种意义上）的那些道路。

在本书开头，我说过万事开头难。而讽刺的是，这个道理对于一本讨论轻松的书加倍成立。在写作时，我们往往会花很多时间回避开始，我们准备个没完，我们等待灵感到来。我们从来都没有准备好，也永远不会准备好。这不是因为我们缺乏勇气和毅力。事情就是如此，没有其他办法。只有神才能开始，从无到有，创造一切，将其自身的实体性赋予万物。用不着去同情什么艺术家的创作瓶颈、白纸焦虑，或是着手行动的恐惧，开始本来就是不可能的事。更不要说结束了。比如贾科梅蒂：他没法结束。每次展览前，真的是要到他的工作室，强行从他手中把作品夺过来送去翻模铸造。有人问他为什么如此，他平静地解释说："我之所以做雕塑，是想做个了断，同雕塑做了断，越快越好。""但您总是一再重新开始。"提问者指出。贾科梅蒂答道：

"这个嘛，那是因为我没法开始。"有道理。"事实上，直到现在，我都没能开始……而我认为一旦开始，作品基本上就完成了。"[1] 但我们很清楚对他来说结束和开始都是不可能的。不过难题是有解的，因为贾科梅蒂工作了，他有所成就，哪怕在他看来这成就并不真正存在："我在想，这所谓的工作，或许无非就是一种摆弄泥土的癖好，就像其他癖好一样，它并不在意结果如何。"

这个解，这个神奇的解决方法是有的，它极为简单，两章就能说清楚，甚至只需两个词就够了。如果我现在告诉你，你马上就可以合上书本，将其付诸实践，不用再浪费时间看下去。我会继续写下去，出于对你想象中的作家这门职业的尊重，但你完全可以就此把这本书撂下，立刻运用你的新知，尽早取得成果。在我读到和听到的关于生活各方面的所有建议中，没有什么比下面这几句更有用了。它们来自哲学家阿兰[2]的一本书——阿兰不仅是哲学家，还是教授、作家和军人。来了，不再吊你胃口了："整个行动哲学理论，两章[就够]，每章一个词。第一章，'继续'，第二章，'开始'。这一令人惊讶的次序基本包含了全部要旨。"两个词：继续，开始。次序如上。结束。你可以合上书自己去悟了。与其开始，只需继续。谢谢，很高兴认识你，我们的相处短暂而充实。再会，祝你好运。

对那些决定多逗留一会的读者，我必须向你们承认一些事情。我读的第一本阿兰的书是《幸福散论》(*Propos sur le*

---

[1] 让-玛丽·德罗（Jean-Marie Drot），《阿尔贝托·贾科梅蒂：众人之一》(*Alberto Giacometti, un homme parmi les hommes*, Arte éditions, 2001)。(让-玛丽·德罗，1929—2015，法国作家、纪录片导演，电视人。——译注)
[2] Alain（1868—1951），法国哲学家，人道主义者。——译注

bonheur），那还是我在进高中毕业班之前的那个暑假从棕榈城耶尔的市图书馆借来的。那时的我正是害羞又忧郁的年纪，渴望宏大抽象的观念，因此那本书让我大失所望。在当时的我看来，书里说的都是些平淡无奇的人生经验，净是些不怎么具体的例子。直到许多年之后，我才抛开当时的先入之见，开始品味阿兰那精确的思想，即便在有些人看来，他过于流畅的文风损害了其深刻性。"为了幸福付出的努力永远不会白费。"总要经历过一些事才能欣赏这样的格言，不是吗？阿兰告诉我们：幸福是轻松的，它近在咫尺。这个观点显然不是自明的，事实上，我们的感觉恰恰相反。我们清楚地知道，没有什么东西是轻松容易的。人们之所以对轻松充满幻想，恰恰是因为轻松是不可能的，不是吗？你是不是感到自己筋疲力尽，没有动力，没有灵感，完全不在状态，没法做任何决定？你是不是不知道如何才能解决某个问题，或者总体上你不知道你这一生该干嘛？然而，生活和行动要比你想象的轻松得多。而且这样告诉你的人是个热爱工作的人。阿兰既不是懒人，也不是个把工作当玩乐的人，相反，他是哲学家里的行动者。他并不是要我们放弃努力，而是告诉我们要把力气花在哪里。这其实再简单不过："一切已经开始，我们只需继续。每个人要当自己现在已经处在所要开展的事项之中。一切关于未来的决定都只是想象。继续你做的事，但要把它做得更好。"

　　活着，意味着纠缠在经验中，意味着参与到世界里。说到行动，我们总是已然处于行动中了。因此，不需开始，只需继续。不用做什么重大决定。为了讲透这一点，阿兰以他最熟悉的写作为例，他援引司汤达的话。司汤达自己承认，为了等待灵感的到来，他浪费了十年光阴："已经1806年了，我仍然在等待写作灵感到来的那一刻……假如我在1795年就讲出我的写作计划，某个明智的人会告诉我：'管他有没有灵感，每天写上一两个小时好了。'他的话会让我充分利用这十年的时间，而不是愚蠢地等待灵感。"换言之，想要写作，关键就在于写。写得越多就会写得越好。阿兰评论道："在此，我窥见了写作这门技艺的一个秘密。那就是：不用删，接着写；开了头的文字永远强过白纸。如果这些文字显得呆板笨拙，那你就把它当成一课。"[1]

阿兰的学生让·普雷沃[2]同样提到了司汤达的做法，他说："频频修改文字的作家把主要精力用在初稿之后，而一气呵成的作家则把主要精力用在动笔之前……我们休想看到司汤达开始新作；他总是不在修改就在继续。"[3]为了避免开始，司汤达会不厌其烦地抄写、翻译，修改一篇旧日草稿或日记，或从一件艺术品入手，对其进行描写。他宣称："我在精神上是一个懒人，我只追求比创作简单的事儿。"

我们能从司汤达的例子中学到什么？并非所有人都想当作家。不过"不要说您对写作的技艺不感兴趣这样的话"，阿兰建议道，"做什么工作都会用到写作，而修修改改往往会浪费很多时间。删改并不是一种避免删改的办法；恰恰相反；正是由于可以事后修改，我们才染上了随意书写的习惯。草稿污损稿纸。不妨尝试另一种方法；将错就错。"对于没试过的人来说，这种文不加点、落笔无悔的写作方法看起来颇为困难。他们认为这样一来就决不能犯错，就会越发束手束脚。但只要我们明白关键不在

---

[1] 阿兰，《密涅瓦或智慧》（*Minerve ou de la sagesse*, Paul Hartmann, 1939）。
[2] Jean Prévost（1901—1944），法国作家、记者，抵抗运动成员。——译注
[3] 让·普雷沃，《司汤达的创作》（*La création chez Stendhal*, Mercure de France, 1951）。

于完美，而在于在前面不完美的文字的基础上安排后面的文字，那情形就不一样了。落笔无悔显然带来了解放。禁止回头不再是冥王哈德斯的警告，而是你能够为自己给出的最美好的承诺。这是一件真正的礼物，因为通过消除回头破拆的可能性，你为自己奉上了创造发明的可能性。我们在写作中学会写作，而不是修改和删除。这种方法会形成其特有的势头。由于只能向前，你的进度也会加快。这一极具法式风格的不加修改的写作方式，无论在何种意义上都称得起信马由缰：像驾驭烈马一样驱策词句，给予文辞打破传统的空间。文字的缺陷不仅不是问题，反而是借力点。你不妨先私下里试试这种方法，白纸黑字，一往直前，绝不擦抹涂改。我等着你的好消息。

　　如果你不喜欢写作，那么不妨把这一操作当成某种身体的或者智力的体操训练。必要的话逼自己一下，而一旦你体验到这种无需一遍遍重读、不断回头，只需大步向前的自由，你就能将之引入生活。你的生活将不再是那令人窒息的追求完美的过程，你也不再会带着"太迟了"的遗憾而半途放弃，相反，生活将带有一种有意识、幸福的即兴色彩。达成这种改变的，是这样一种观念，即：我总能补救回来，真正的行动在于继续而非停顿，在于持久的流动而非彻底、全新的开始。重大改变往往以间接的方式达成，由一系列持续不断的微小决定积累而来。把你正在做的事更好地做下去，不要动不动就重新从零开始：这样会带来更好、更持久的最终结果。千万不要全盘否定，别把此前做过的全部放弃。给自己一份惊喜，继续游戏，不要弃之不顾。一局完了，你大可以重新再来一遍。眼下，你应该考虑的是走哪一步，哪怕只是一小步，以更好地享受当前状况。

因此，虚掷光阴、提笔不决是个错误。如果你不知道如何摆脱这种没有产出的等待，不妨学习司汤达的做法：从他人那里借取文章的第一句话或行动的第一步，继续下去。这样一来，你就可以借他人之势而无需自起炉灶。自行车运动中有"跟骑"的说法，跟骑的骑手自己不出力，而是利用前方破风的骑手骑行造成的有利气流条件。写作乃至生活也是如此，我们一开始都是跟在某些人或事物后面。学习语言，我们要模仿和默记他人说话。通过一点一滴的积累，我们不知不觉自己就上了轨道，说得像样了。无论蹬自行车、跑步，还是写作，皆是如此。雕塑家需要石材或黏土才能雕刻或塑形，他无法凭空从无中创造作品。当贾科梅蒂沉溺在他所谓的"癖好"之中，他或许没有真正开始，但那不妨碍他继续。虽然他总觉得没能达成目标，但他始终保有工作之乐。就把他的话用来作结吧，至少为本章作结。采访他的是一贯犀利的让－玛丽·德罗：

"贾科梅蒂，我们上一次在巴黎碰面时，您正在创作这些雕塑。今天在苏黎世这里，您看上去就像望着自己羊群的牧羊人。您的作品摆满了展厅，此时此刻您有何感想？"

"昨天，我来到这个展览，觉得这些展品都非常、非常漂亮。至少暂时是这样。它们太美了。不免让我有些担忧。"

"为什么担忧？"

"因为我如果一直像昨天那样高兴的话，那就说明——不免与我一贯的想法背道而驰，不是吗？——要么我不再拥有批判能力，要么我堕入如此一种状态，已经再也无可救药了。"

"这个大厅里展出的毕竟是您毕生的心血。"

"是的，不过……这样说吧，在某种程度上，我还尚未开始。"

二
开　始

> 行动的秘密在于行动。
>
> ——阿兰

迈出第一步：求爱者的痛苦，走钢丝者的恐惧。"如果对最后一步尚不确定，我就绝不迈出第一步，这个想法就像是某种宗教信仰。"这是菲利普·珀蒂的话。菲利普·珀蒂又是谁呢？如果你不知道他，这或许恰恰因为你是法国人，毕竟"没有先知在自己家乡被人悦纳"。要了解珀蒂这个人，最好的办法就是感受一下他所取得的成就。在此，我想让你发挥一下想象力，请你闭上双眼数到十，然后再睁开。开始了。

睁开双眼，你发现自己位于半空。一只鸟儿在你视野的某一角落高高飞翔。震耳欲聋的声音是什么？那是你的心脏在怦怦跳。你的双腿直打颤。低头一看，头晕目眩。你面前即是深渊。你稍稍探出去看了一眼。410 米，那是将近半公里，四个足球场首尾相连的距离，巴黎圣母院钟楼高度的六倍，比埃菲尔铁塔还高 100 米……410 米以下才是地面。稍不当心，你就很可能自由落体到那儿去……这风从何方刮来？那是你思想里刮起的大风，也是唯一会让你跌下去的东西。你抬起头，目光正视前方。

你的视线沿着你将走上的钢丝看出去。因为你将在离地 400 多米的高空走钢丝，这根钢丝，确切地说是钢索，总长 60 米，你和几个同伙，让－弗朗索瓦、让－路易斯和阿尔贝尔，你们花了一整夜偷偷把它拉在两座摩天大楼之间，两座让你梦想多年的大楼，两座你早已立誓要在它们之间凌空行走的大楼。有朝一日。今朝。1974 年 8 月 7 日。现在是早上 7 点不到，下头的地面上，前来上班的人与正要回家睡觉的夜猫子交错而过，而你，在 410 米高空，独自一人，正准备踏上钢索。纽约刚刚睡醒，你却彻夜未眠。你即将跨越崭新的世界贸易中心双子楼之间的深谷。为此，你已经准备、犹豫、计划了多年，现在这个时刻终于到来了。此时此刻，你还是菲利普·珀蒂，而一旦跨出了第一步，你就只是个走钢丝者。

气象条件远非最最理想。空中有云，可能会下雨。风好像比预想的大。这里又是如此之高。不过《走钢丝理论》[1]告诉我们："不要犹豫，不要想着地面，那会导致思想瘫痪，极其危险。"钢索够牢固吗？是否该延期，推迟一会儿？不可能了。一分钟后，电梯将开始运行，两分钟后，第一批工人就将来到楼顶。然后警察也会赶到。开始了，电梯的转轮已经开动。你的好友兼同伙让－弗朗索瓦——他很可能会因为协助你而被捕入狱——把那根 25 公斤重的平衡杆交到你手中，这是走钢丝必不可少的工具。你已经无路可退。

第一步令人恐惧。它意味着没有回头路。此刻你回想起第一次见到世贸双塔的情景。那还是六年前，你在牙医诊所候诊室里

---

[1] 菲利普·珀蒂，《走钢丝理论》(*Traité du funambulisme*, Actes Sud, 1997)。

随手拿起一本杂志，上面就印着世贸双塔的照片。你如获至宝，也不拔牙了，把那页撕下来便匆匆离开诊所。当时世贸双塔还未建好，你只能在梦里见到它。第二次见到就不再是照片了，而是已经建成的双塔。当然，那次你站在地面。那体积，那分量，那高度，如此威严雄壮。照片里的它们令人神往，现实版则令你震撼不已。每一根肌肉纤维、身体的每个部分、皮肤的每次颤栗都在用你最能理解的无声语言告诉你：这不可能。而且即便你花了几个月来准备，这依旧完全不可能。但这也恰恰是你要这么做的原因。你不会蛮干。"错误的做法就是：不抱希望、窝窝囊囊地去做认定要失败的动作。"掷出骰子，再想回头就太迟了。成败关键在行动之前，取决于你如何掷出骰子，取决于你开始的方式。一切都取决于你投入其中的希望和豪情。豪情并不是真正的思想，而是一种姿态，一种直面世界的方式。它不是某种可以拥有的想法，而是某种身体力行的想法。说穿了，一种避免思考之劣势的想法。你想，有谁会冒着生命危险在世界最高的两栋摩天大楼之间走钢丝呢？正是如此，你要一思考，就会开始纠结。走钢丝者就是那空中的理念，命悬一线，而这一线便是信仰。"踏上钢丝，我总是带着必胜的信念。"这种信念从何而来？当然，我们可以说它来自长年的训练，来自一丝不苟的准备工作，来自对自己腿脚力量和技巧的了解和信心。但归根结底，它凭空而至。走钢丝者那确定无疑的感觉是傲慢、轻率和疯狂。它是一种没有神的信仰。纯粹的信仰。

开始前再略等一等。在生与死的问题之外，迈出第一步的方式举足轻重。"一脚踏上钢索，随后的行走固然稳健但显沉重；而把脚尖、脚掌、脚跟依次慢慢滑上钢索，则会产生一种令人迷醉的轻快的感觉，在高空真是棒极了。观众会评论说：'他竟在钢丝上漫步！'"这就是了：让人感觉你在离地110层高的半空中闲庭信步。像梦一样轻盈。所以走好第一步。

砌墙的时候，已经垒好的砖石遗留的空隙规定着接下来要加上去的砖石的形状。墙越是接近完成，留给犹豫和不确定的空间就越少，不得已就越多。但怎么才能开始呢？自由就是一种晕眩，无穷的可能预兆着失败，它是没有星光的夜空，一片只有问题的形而上学的虚空：为什么要这么做而不那么做？为什么走这里而不走那里？走钢丝者至少知道自己该往哪走。他只能向前。他犹豫的不是前进的方向，而是如何迈出第一步。之后，他便再也没了选择。显然，并非所有的行动都是如此。走钢丝是一种极端情况，它就如同一个隐喻。无论在哪个领域，开始的方式中都蕴含着成功或失败的种子。你要做的不是单纯的开始，而是迈出良好的第一步。无论是骑马还是跑步，无论在工作中还是在爱情上，第一步都决定着接下来的轨迹。如果你坚定不移地投入某件事情，你达成目标的可能性就会大得多。这与射箭有几分相似：如果射出箭的感觉很好，那么它就会射中靶心，它的轨迹在离弦的那一刻就已经被决定了。这不是所谓的宿命：在被射出之前，箭是去不了任何地方的。没有什么是事先确定的，但对射手而言，他的某种开弓方式可以确保取得成功。

笛卡儿认为，犹豫不决是最糟的恶习。如何摆脱它呢？同样推崇司汤达的安德烈·纪德[1]在日记中写道："司汤达最大的秘

---

[1] André Gide（1869—1951），法国作家，1947年诺贝尔文学奖得主，主要作品有《背德者》《窄门》《田园交响曲》等。——译注

密,他的绝招,就是马上写……所以他的文字有时候显得慌张、冲动、不搭、急迫……——犹豫就找不到了。"这真是深刻的评论。我们不是因为迷失才犹豫不决,恰恰相反,我们因为犹豫不决而迷失。可以理解为什么司汤达在这方面令众多作家着迷:所有人都知道开始是多么困难,但司汤达仍然毫不犹豫地开始了。就像拿破仑毫不犹豫地驰骋沙场,也如同为了学会游泳就必须先跳入水中。学走路也一样,迈步,跌跤,慢慢把不稳定转化为向前的运动,稳步前进。

这固然不错,但如果我们已经迷了路,比如说在一座森林里,除了犹豫不决,还能怎么办呢?在《谈谈方法》(*Discours de la méthode*)中,笛卡儿指出,当理性无法指引意志之时,只需效法"森林里迷路的旅客,他们决不能胡乱地东走走西撞撞,也不能停在一个地方不动,必须始终朝着一个方向尽可能笔直地前进,哪怕这个方向在开始的时候可能只是偶然选定的,也不要由于细小的理由改变方向,因为按这种方法即便不能恰好走到目的地,至少最后可以走到一个地方,总比困在森林里面强。"

所以最好就是随机选择一个方向,并坚持朝这个方向走下去,而不是调转回头或待在原地犹豫不决。如果什么都不做,我们就注定要永远迷失。选择意味着摆脱困境。笛卡儿说:"我的第二条准则是:在行动上尽可能坚定果断,一旦选定某种看法,哪怕它十分可疑,也毫不动摇地坚决遵循,就像它十分可靠一样。"对一位理性主义哲学家而言,这真是一条奇怪的建议。笛卡儿认为,决定的内容如何无关紧要,我们认为它是对的就行。一个观点是否为真也不是最重要的,即便它十分可疑,只要我们认为它是真的就行……——一位如此杰出的思想家、打破一切先入之见的哲人，怎会提出这样的建议？这简直是荒谬得不像话。某个观点是否为真并非谁说了算，应当从每个角度检验它，权衡对错，花上足够的时间。涉及思考，这是对的，但涉及行动，这就错了。朋友们，实际生活中，时间是紧迫的，太阳就要落山，马上就要下雨，没水喝了，必须决断。许多时候，问题并不在于行动（agir），而在于应对（réagir）周遭的环境和事件。如果把时间都花费在检验所有可能的决策上，那么我们就难以做出任何行动，而且即便有所行动也已经太迟了。因此笛卡儿才说随便选择要好过不选择。一个决定之所以正确，是因为我们选择并实施了它，就仿佛它是所有可能选择中最佳的。在行动的紧要关头，被选择的总是最佳的可能方案。为什么如此？因为一旦做出了决定，我们就必须将其视作不可逆转的。我们不能回头，不能后悔，不能改变路径，那将是最坏的做法。怀疑是行动真正的敌人。

这样看来，开始就意味着结束。它意味着结束一切的思量、犹豫和算计，让自己投入行动。不再等待明天，不再推到将来：行动就在此地当下。别等到来年才去做你本该要做的事。阿兰这样评论道："作出决定不算什么；它是必须使用的工具。思维跟随决定。想想吧：思维是无法对尚未开始的行动发号施令的。"因此在行动时并不是要放弃思考，而是只在行动内部思考，为其服务，必要的话只为其服务。思维要越轻越好，它不应阻碍行动的进行。服从于行动的思维是一种力量。自说自话、犹疑不决的思维则是有害的。

当然，如果我们有时间也有能力仔细思考所有的选项，那自是再好不过，就如同伏尔泰在《老实人》（*Candide*）中讽刺的莱布尼茨意义上的上帝：在创造出"最好的可能世界"之前，他已算出了一切可能选项的优劣。不过作为凡人，在大多数时候，我们都得在不知情的状况下行动。为什么呢？笛卡儿解释得好：让我们想想神——我们说的不是作为信仰对象的宗教意义上的神，而是作为假说的理想化的存在——神的所有能力，理性（理解的能力）、力量（执行的能力）和意志（肯定或否定的能力）都是无限的。一个能思考一切、实现一切、想什么有什么的完美存在，全知全能，并且有无穷的意志。相比之下，我们这些可怜的凡人的理性和力量都是有限的，不过神奇的是，我们的意志和神一样是无限的。我们无法理解所有的事物，也无法同时理解多个事物，我们同样没有能力为所欲为；不过我们却能够自由地意愿。形而上，我们是无力的，但我们仍有一部分是无限的。正是出于这个原因，尽管人的本性决定了我们既无法知晓未来，也无法事先思考一切可能选项，我们仍有能力做出决定并付诸行动。阿兰在此继承了笛卡儿的想法，他说的很明确："对我们打算做的事进行反思事实上是毫无用处的，因为它尚未开始。这相当于在还不知道要放哪些文件的时候发明文件夹。又或者，这就如同在言说之前就想知道言说的内容。后一个比方更确切，因为它令人震惊。我们的思想不是用来迈出第一步的，思考行动的人永远无法真正行动。喜马拉雅的登山者也能给我们教诲；因为如果一直站在那儿望着山，他永远不会知道自己攀登的进路：'我之所以前进，就是为了知道进路在哪。'"

这真是个天大的悖论，它也是行动者真正的奥秘：他们之所以行动，恰恰是因为他们不知道该如何做。当然，他们并不是完全不知道怎么做，否则他们就无法投入行动；但如果完全知道怎么做，他们也就无需行动了。因此行动者并不是因为事先知道如何做才行动，相反，他们行动是为了要知道如何做。行动者是关于自身行动最早的观众，就仿佛在前进过程中旁观着自己的生活。行动的愉悦在于让自己惊喜，在于发现只有行动才能获得的东西——比如登山时一条全新的进路——发现只有行动才能揭示的东西，比如自己的勇气、恐惧，等等。行动之时，我们总是自己先被惊到。这并不意味着要保持被动。恰恰相反，正是由于注意到自己面对的状况，我们才能重新定位，才能通过新的决定做出新的调整，就像风浪中的舵手不停地调整航向。行动并不意味着一劳永逸地做一个重大决定，而是不停地根据已知和未知的状况做出一系列较小的决定。着手做事，就意味着不停下手来，并且尽可能做得更好。

　　但这不是和笛卡儿的建议背道而驰吗？笛卡儿不是说过，如果必要，我们不妨随便选择一个观点或方向，然后除非有"极好的理由"，不要轻易改变方向吗？我们到底是应该先做出重大决定，而后始终坚持不动摇呢，抑或应该不停地重新评估自己的决定，时刻根据实际情况加以调整呢？好吧，这取决于实际情况！如果你毫无头绪，完全不知道该往哪个方向走，那么你就应该采纳笛卡儿的建议：随便做一个选择然后坚持走下去。但如果你对情况有所了解，如果你像海上老手那样能从海水的变化中察觉出风向，如果你清楚地知道自己能期待的结果，那么就做你要做的吧。为了让自己能被更好地理解，阿兰举了个例子，绝佳的例子，因为打破常识。他说，只有当开口言说之际，我们才能发现自己想说什么。这个说法不仅与我们的先入之见截然相反，也和那些主张在说话前打好腹稿、避免说错话的经验之谈大相径庭。

阿兰是不是认为在开口说话之前，我们不知道自己要说什么？严格说来并非如此。但言说本身就是一场冒险，我们每个人也都时刻在从事着这场冒险。开始言说时，我们并不确切知道要说的内容。这并不是某种缺陷：它其实是言语的本质。言语服务于此：我们通过它来了解自己的思想，它把思想变成现实，使之像其他一切存在物那样可导向、可调整、可改正。此处的悖论在于：要想讲得好，我们恰恰无需思考要说什么。刻意去想接下来如何说话的人，往往会因此而找不到合适的词。思考有可能阻碍甚至阻断言说。相反，如果对自己的言语漫不经心，我们就可能被语词的声音效果牵着走，从而损害了想表达的意思。要做到良好的言说，不仅要跟着我们开始说的话的节奏来，同时也须控制这种节奏，以便引导语流。必须要让语言流动起来。而言说想说的话的唯一方法，就是通过言说去发现自己想说的。那就要开始言说。甚至当你认为自己确切地知道要说什么的时候，言说的方式也须在言说过程中慢慢形成，带着一种散漫，介于梦游和走钢丝之间，在意向和意义的锋刃上保持着微妙平衡。

你是否听过爱德华·巴埃[1]讲话？他主持过戛纳电影节的颁奖晚会，也担任过电台主持人，无论是否准备了讲稿，他说话总是有爵士乐手那种即兴发挥的风格。所以他才有一大群听众，他们带着愉悦、惊奇甚至是害怕聆听他的话语，担心他会忘词或说不下去，担心魔法破灭。成功的即兴讲话就如同一场白日梦，吊诡的是，我们无需刻意去想所要表达的观念。诚然，在说话的时候，我们应当关注言说的内容，但这并不意味着我们要像孩

---

[1] Édouard Baer(1966—)，法国男演员，导演、编剧、制片人、主持人。——译注

子或是缄默法则（omerta）的受害者那样担惊受怕、开口之前好好打上一番腹稿，而是如钢丝上的杂技演员那样聚精会神，但同时又不能太过关注，否则也有跌落的危险。我们受言语节奏的引领，但不应被它带离了方向。言说意味着在言语之上冲浪，言语的海浪既承载着我们，也可能将我们吞没。政客们玩的是"官腔"，沉闷、僵化、毫无生气；而生动的话语则仿佛登上了一艘轻薄柔软的小艇，在海上险象环生。说话的时候，我们的注意力并不放在既存的事物上，而是投注到那个伴随着每个语词而一步步形成的现实中，言说者是这种现实的第一个观众。你领会了吧：如果在言说之前就试图确切地知道接下来要说的内容，我们就会连半句话也说不出来。

说话如此，生活又何尝不是这样。生活是无法预备的。必须取消准备。态度是关键。我们要像没有保护网、充满豪情的走钢丝者那样投入生活，像学骑自行车或骑马那样，懂得接受来自生活本身的冲劲。如此生活，就是不断发现自己。有好有坏？没有事情能够完全和你预想的一样。你也没有时间对将来要做的事进行全面的准备。但你愈是犹豫，境况就愈困难。别想着等知道了一切之后再行动。未来为你预备了什么？想知道，就得走进未来。

现在让我们回头看看菲利普·珀蒂。1974年8月7日，当电梯的转盘开始启动，珀蒂从让-弗朗索瓦手中接过平衡杆，他只有一分钟的时间决定在这种疲惫、忐忑的状态下是上是下：

  突然，空气密度不一样了。
  让-弗朗索瓦不存在了。

对面的塔楼就像是空的。

电梯的转轮也不再旋转。

纽约不再是一望无际的大城市。它的喧嚣顷刻间成了一股我既感觉不到拂动也感觉不到力度的阵风。

我走近塔楼边缘,跨过金属梁。

我把左脚放在钢索上。

我全身重量都在右腿上,它牢牢踏在塔楼外墙上。

我依旧属于现实世界。

如果我轻轻地把身体重心移到左边,我的右腿就自由了,右脚也就可以自由地踏到钢索上。

一边,是如山一般的塔楼。那是我所知道的生活。

另一边,是云的世界,充满了未知,让我们感觉像是空的。太多的空间。

两者之间,一道钢索,我犹豫着是否要把自己尚存的一点力量用到上面。

我的四周没有任何思想。太多的空间。

我的脚下只有一根钢索,别无他物。

[……]

我感到内心发出的一阵尖叫,那是逃跑的本能。

但一切都太迟了。

钢索已经准备好了。

我的心与这道钢索连接得如此紧密,每一记心跳都唤起钢索的回应,把一切试图接近的思想弹入虚无。

坚定的一步,我的另一只脚也踏上钢索。

[……]

震惊，无比的恐惧，突然间，没错，还有巨大的喜悦和自豪，贯注我的全身，我在钢索上稳稳站立。毫不费劲。[1]

---

[1] 菲利普·珀蒂,《到达云端》(*To reach the clouds*, Pan Macmillan, 2002)。

三
10000 小时的诱惑

> 着力越猛害己越深。
> ——阿兰

　　轻松不是一个概念,而是一种感觉。一种可以拥有或给予的感觉。上小学时,我就喜欢阅读。我太爱阅读了。小学三四年级时至少每天读一本书。对我来说,读书就像吃一粒糖果,领一份奖赏,实在太轻松了。同年级的伙伴每周读一本书都苦不堪言,我却开开心心乐在其中,甚至能够一天读完两本。有时一本书连看两遍。我记得曾在一天里把《野性的呼唤》[1]连读了三遍,而且一遍比一遍来得快。我喜欢这只名叫巴克的狗的故事,它被人拐卖,一夜之间从轻松无忧的宠物犬变成了生计艰难的雪橇犬。尽管巴克出身"富贵",但它比其他狗更有优势:它喜爱拉雪橇,它喜爱打斗以赢取领头犬的地位。对其他狗而言困难重重的任务,巴克却乐在其中。这是它的本能,也是小说书名的意义所在。其他狗痛苦不堪,巴克却如鱼得水,这正是野性对巴克的呼唤。对我来说则是书籍的呼唤。巴克不值得表扬,我也一样。我

---
[1] 美国作家杰克·伦敦的中篇小说。——译注

们俩无非都是在做自己最喜欢的事情。

数年之后,我进了高级数学班[1],但我真正喜爱的是文科,我终于明白了"身处另一边"是什么感觉。数学班的课程讲得很快,我光记笔记就累得手腕疼。两个小时不停地抄写那些我不理解的符号和方程,使我觉得自己像一头拴在一根蜗杆上不停转圈的驴,除了虚荣感之外,没有产出任何东西,也像加缪所称的那必须认为是幸福的西西弗斯,他被诸神惩罚,永远要把一块反复滚落的巨石推上山。下课之后,考验才真正开始:宿舍里每个"鼹鼠"都在汗流浃背地做第二天要交的功课——高级数学班的学生被谑称为"鼹鼠",可能是因为成天做题不见天日吧。毕竟,我们是在大学区,我们在路易大帝高中,我们就是来埋头备考的。但也并非每个人都如此。在有些学生看来,这种生活就如同在公园里漫步。比如我的同学塞德里克就是这样的人。他从来不做题,整天就在走廊里闲逛。一个"鼹鼠"从题海中探出头来,拿着作业问他说:"塞德里克,我卡在这题上两个多小时了,这题根本无解。"塞德里克瞥了那道题几眼,踱步到走廊另一端,一分钟后回来笑着说:"有两种解法,第二种比较简洁。"其他学生费尽九牛二虎之力也未必能找到一种解法,他却毫不费力地直接看出了两种。对塞德里克而言,野性的呼唤就是数学。面对这种情形,我也不耽搁,我听从了我自己的野性呼唤。校长没有在转班的事上为难我。文科班的学生被谑称为"内八",大概是因为他们整天看书,久而久之养成内八字腿的缘故。从"鼹鼠"变成"内八"并没有改变每天学习时间的长短,但无疑改变了我的一

---

[1] 法国旧学制中工程师学校预科第一年。——译注

切：我像重新回了家，回到了自己的地盘。校长只说了一句话："我早就告诉过你。"他对学生还真是了解。

虽然只在高级数学班待了两周，但我感到极为无助和疲惫，身体像被掏空，就仿佛正式比赛开始之前就已筋疲力尽的运动员。而一转到文科班，我就一下子振奋起来，重又充满了活力、热情和快乐。诚然，这种状态只持续了一小段时间，毕竟预科班的经历主要是艰苦的，但最初的日子令人陶醉。我看懂了黑板上写的东西，老师讲的也是我能听懂的语言。一切都恢复了正常。当然，在一个以准备大学入学考试为第一要务的班级里，整体的学习氛围仍然是紧张的，但我还是有一种逃出监狱，摆脱了强制劳动的感觉，就好像重获自由的人来到了广阔的天地。

我拒绝在一条不适合我的道路上苦苦挣扎。违反天性的努力使人筋疲力尽。这固然标志着勇气和自我牺牲，但首先是对于自身的否定。负面的美德非同一般，但再怎么说，不爱手头工作的人，总是不如热爱手头工作的人走得远。优秀的雪橇犬天生就爱拉着重物跑几百公里。它们不需要任何激励和鞭策。雪橇犬专家埃里克·莫里斯（Eric Morris）解释说，要带领雪橇犬远距离奔跑，例如行家们称作"地表最后的远程比赛"的艾迪塔罗德（Iditarod）狗拉雪橇比赛（在阿拉斯加的苦寒与极夜中穿越逾1500公里），拿食物做奖励毫无用处。负面强化——不是给予奖励，而是减少惩罚——也不顶用。"要在如此距离上坚持下来，它们必须觉得那是生命中最快乐的事情才行，就像一只猎犬追逐山鸡。它们必须天生喜欢拉［雪橇］……犬只不同，这种喜好的程度也不尽相同。"

当我在大卫·爱普斯坦[1]的那本好书《运动基因》(*The sports gene*)里读到这段时，我没命地大叫起来，甚至想要对着月亮嚎叫。他将训练雪橇犬与训练高水平运动员的方法进行类比，这让我极为震撼。对那些天真地以为"有志者事竟成"的人，爱普斯坦通过众多事例分析表明其实并非如此。有些人不需立志就能做到，他们既不用勉强自己，也无需做决定：他们别无选择，必须奔跑。超级马拉松运动员帕姆·里德（Pam Reed）就是这样的，里德曾两度赢得全程217公里、从死亡谷出发的恶水超级马拉松赛的桂冠。她说，如果每天不跑上个三五趟、至少跑三小时，自己就会很难受。随着年龄的增长，她开始能够保持较长时间不跑步的状态，但坐姿对她来说仍然非常难受。弗朗索瓦兹·萨冈也一样，但她是不看书就难受："我总是在看书，甚至写作时也是如此。长时间持续工作后，我把阅读作为一种休息。读一本生动的书，让信赖的人代替你思考，对我而言，这是最好的放松。这是我的一大喜好，它令我乐观振奋。"[2] 我可以肯定，对塞德里克而言，没有数学的日子是无法想象的。所有这些案例里，意志并不介入或介入很少，并不存在那种不情愿的努力。萨冈在阅读、写作时，就像在语词的海洋里畅游；塞德里克则幸福地沉浸在数学问题中。他们在各自的爱好中如鱼得水，更确切地说，就像冰天雪地里的雪橇犬。后面这个比喻更合适，因为即便拉雪橇对狗儿们来说并不轻松，但它们也甘之如饴。它们喜爱拉雪橇。

那些我们自己可以毫不费力完成的事往往让我们觉得它们

---

[1] David Epstein,《纽约时报》畅销书作者，调查记者。
[2] 弗朗索瓦兹·萨冈,《我决无反悔》(*Je ne renie rien*, Stock, 2014)。

本身就是轻松的，无论谁都可以轻松完成。这就是所谓的"专家错觉"。只需"身处另一边"就可以认识到这是一种错觉，对有些人轻松不费力的事，对另一些人却未必如此。文学老师认为所有人都和他们一样喜爱阅读；数学老师不理解为什么会有人看不懂题。对这些专家而言，唯一困难的就是去理解在一些人看来轻而易举的事，对另一些人可能很困难。而且，如果你是数学老师，我敢断言你肯定不明白我在说什么。

与"专家错觉"相反的是"新手错觉"，也就是我们往往会认为对其他人而言都轻松简单的事，对自己也会是轻而易举的。然而菲利普·珀蒂可以轻松地走钢丝，我显然没法这么做；塞德里克半分钟就解出了数学难题，我当然也学不会这一手。一般说来，我们可以很快看出这一点：新手错觉经不起现实的考验。但还有"新手好运"：在某件困难的事情上，有些新手可能恰恰由于他们不知道其中的困难之处而一举成功。我刚刚开始打篮球的时候，曾开玩笑试着从中场位置背对着篮筐投篮。这显然是不可能投中的。所有会打篮球的人都觉得好笑。我把球向身后抛出，能抛多远抛多远，能抛多高抛多高。而当我转过身来，就看见我投出的球居然稳稳地进筐了，而且是空心入筐。我在全场的惊呼声中走出球场，当时并没觉得有什么了不起。必须承认，我自己知道这不是有意为之，我无法以同样的方式再次投中。"新手好运"从定义上讲就是不可持续的。第一次尝试是神奇的，虽然第一次的成功可能被接下来多次的失败所抹杀，但关于成功的记忆却能成为一个承诺：多年的练习为的就是重新找回这种运气，这种新手的纯粹。专家正是那些找回这种状态、能够创造奇迹的人，这种状态，我们只能称之为"神助"（grâce）。

神助，就是菲利普·珀蒂走钢丝或者齐达内踢球时的那种状态。谁都能看出来。对于齐达内，甚至他的队友也这样认为。乃至队友家属，那些习惯了高水平运动员的人也这样认为。大卫·贝克汉姆曾是齐达内在皇家马德里队时的搭档，贝克汉姆的妻子维多利亚就把齐达内比作芭蕾舞蹈家。这真是一种赞誉，因为维多利亚自己就是舞蹈家。不过，足球和舞蹈有个根本差异：足球运动员并不追求漂亮的姿势，他的目的是赢球，他得进球。球员的一举一动都指向赢球这个目的，而对舞者而言，动作本身就是目的。虽然如此，足球和舞蹈还是有一个共同点：两者都需要艰苦的训练。齐达内也不例外。由于其宗教意涵，"神助"是个危险的字眼。它可能被认为是一种天赋，要么有要么没有，只能听天由命，非人力可致。信不信由你，齐达内显然经过艰苦的努力才达到这种状态。的确，齐达内踢得很轻松，他有天赋，但他能这样随心所欲完全靠刻苦训练。菲利普·珀蒂也是一样，他曾坦承："我虽然不用防护网，但我有一张由各种细节组成的心理防护网。"在迈上世贸中心双塔间的钢丝之前，他投入了大量时间、精力。经年累月，他脑子里只有这一件事。他就像一个耐心的中世纪手工匠人，一步步用小石子拼出了完美的马赛克——也就是在空中漫步的那个完美时刻。几分钟"神助"背后，是多年的准备和练习。珀蒂告诉我们："这是个朴素、艰巨而又令人失望的职业，也是一场充满了徒劳努力、深度危险和无处不在的陷阱的战斗，那些不愿加入战斗的人，那些尚未准备好为了感受活着而献出一切的人，他们没必要成为走钢丝者。"尤其是他们不能。珀蒂的建议很简单："不懈的练习，然后钢丝就会渐渐属于你了。"只有"通过长时间的训练，困难才会渐渐消失。一切变得都有可能，一切也都轻盈起来"。轻松的状态是在最后，而不是在一开始的时候。那么需要多长时间的训练呢？珀蒂说："千万别幻想着练习几个小时就完事儿了，必须化到皮囊里。"在艾迪特·皮雅芙[1]的年代，当人们说"皮囊里有某人"（意为疯狂爱上某人）的时候，他们的意思是自己无能为力，别无选择：爱只有是或否，无法改变。之所以一见钟情，正如蒙田谈论友情时所言，"只因为那是他，只因为那是我"。无论是朋友还是爱人，他们都在我们的"皮囊"里。或者不在。踢足球、走钢丝、拉小提琴、弹钢琴、跳舞……所有建立在专业动作基础上的活动，我们必须把它们化到身体中。这一过程需要勤劳、汗水和时间。众所周知，练习必不可少。我们不可能靠掷骰子或念咒语就一下子从新手变成冠军。即便是哈利·波特，他也需要在魔法学院进修不是吗？轻松意味着对困难的征服。军队里有句话说得好："平时多流汗，战时少流血。"没有捷径。才华，仔细想来，难道不是隐秘程度不同的苦功吗？天才，或许根本上就是某种山后练鞭？我们毫不怀疑训练的必要性，但问题在于：多少？

你还记得前面提到过的马尔科姆·格拉德威尔吗？他是《纽约客》杂志的作者，我很喜欢读他写的一系列"机场书"（或者笃笃定定在家里读也是极好的，不骗你）。在《异类》（*Outliers*）这本书里，他用 outlier 这个词——意为"例外""反常"或"独一无二"——来指那些非凡的成功。格拉德威尔这本书回答的正是"多少"的问题：在他看来，10000 小时是"卓越的魔法数字"。

---

[1] Édith Piaf（1915—1963），法国著名女歌手，代表作品有《玫瑰人生》《爱的赞歌》等。——译注

你想在任何领域取得超凡的成就吗？"轻松"得很：你只需在这上面投入10000个小时，大约十年。有意思的是，司汤达也得出了同样的结论，他说："坚持每天写作一到两个小时。无论是不是天才。"每天写作一到两小时，坚持十年的话，总共的写作时间是3652到7304小时（考虑到闰年），这已经距10000小时不远了。如果每天写作两到三个小时，那么十年就可以达到10000小时的量了。和格拉德威尔一样，司汤达似乎认为天才无非是辛勤练习的结果，更确切地说，是十年努力练习的结果。

为什么是十年呢？如果每天练习10小时，我们不是只需三年就能达成目标了吗？这是因为仅仅堆砌时间是不够的，练习必须是刻意的，它应该是为了达成特定目标——尚未精通的知识或动作——而付出的努力。换言之，我们需要感知到练习，它不能是轻轻松松的。据说左拉和福楼拜每天写作的时间长达10小时，他们被视作勤奋的作家，然而这些时间主要是花在提炼文字和推敲用词上，如果说贾科梅蒂是在"玩泥土"，那么左拉和福楼拜就是在玩文字，他们不过在享受自身的癖好，这种癖好要求故意浪费大量时间，以及某种懒散的氛围。不能是这种。总之，与持续的努力无关。每日三到四个小时的刻意练习，最好进一步分成几次，这已经是极致了，因为长时集中精力是很累的。练习以外的时间应当用来好好休息，或者做一些比较放松的活动：阅读，思考，制定规划，其他业余爱好。假设我们每天练习三到四小时，每周休息一天，每年给自己放两周假，这样我们每年的练习时间是1000小时，坚持十年就能达到10000小时。

因此，十年时间可以让你成为一名"异类"。顺便提一句，读者会注意到书名和内容之间的矛盾，因为从原则上说，我们不能从独特的个例中推出普遍的结论。即便某些例外情况可以证实规律，我们也很难仅仅根据例外来建立任何规律。不过格拉德威尔提出了一条"10000 小时定律"，并以披头士乐队和比尔·盖茨为例。他解释说，如果你认为他们是天才，那你就错过了案例的精髓。归根结底，天才是懒人的借口。天才的观念让我们觉得那些成功的人只要负责让自己生下来就行了，而实际上，他们成功的关键在于形势，正是这些形势为他们提供了比其他人更多的训练机会。以披头士乐队为例。在刚刚成立不久、还没什么经验的时候，乐队经纪人就作出了把他们送去德国汉堡的决定，在那里，他们每天都要在夜总会演出多场，这样足足持续了两年。格拉德威尔指出，这段看似苦行的经历正是他们走运的地方，他们因此获得了经验，成熟起来，完成了他们的"10000 小时"训练，而同时期留在利物浦的乐队，往往只在每周末表演几个小时。凭借着这竞争优势，当披头士乐队回到英国时，他们已经把其他乐队远远甩在身后，一骑绝尘了。比尔·盖茨也是一样，他最初对计算机和编程感兴趣的时候，常常要等上一星期才能在大学里唯一的计算机上操作几分钟。不过盖茨在医院工作的母亲替他争取到了使用医院夜间闲置的电脑的机会，盖茨也因此得以每日——更确切地说每夜——不断地积累编程经验。当他数年后进入个人电脑行业的时候，正是这些经验使其拥有了相较于对手的竞争优势。你以为披头士乐队是流行音乐界的兰波[1]、比尔·盖茨是计算机技术的莫扎特？如果这么想，你就错了。披头士和盖茨都是认

---

[1] Arthur Rimbaud（1854—1891），19 世纪法国著名诗人，受法国象征主义诗歌影响，被奉为超现实主义诗歌的鼻祖。——译注

真的匠人，勤奋的劳动者，或许极具灵感，但他们首先完成了应有的训练。而且，仔细想想的话，兰波，这个所谓的天才诗人，"十七岁，我们并不认真"这一著名诗句的作者，他本人恰恰是非常认真的：十四岁时，他就赢得了拉丁文诗歌比赛的桂冠。兰波，被诅咒的诗人的代表，他所有的诗歌都是在二十岁之前写的，他首先是精通拉丁语的优秀学生，可以不借助词典写出流畅的拉丁文。兰波不仅自幼就开始写诗，而且也花费大量时间研习和阅读拉丁语，这些时间无疑接近 10000 小时。莫扎特还要说吗？他五岁就在身为小提琴家的父亲的教导下学习大键琴，十四岁，他只听了一遍阿莱格里的"求主垂怜"就能弹奏全曲——那是一部长达十几分钟的复杂作品。你羡慕这样的成就？但要知道，十四岁时的莫扎特，其训练的时间也已远超 10000 小时。兰波和莫扎特都不是横空出世，他们只是很早就开始训练了。

因此，十年 10000 小时的训练听上去是个切实可行的主意，但格拉德威尔是怎么得出 10000 这个精确整数的呢？数据来自 1993 年，美国佛罗里达州立大学安德斯·埃里克森（K. Anders Ericsson）与另两位心理学家在久负盛名的柏林音乐学院开展的研究。我简述一下：他们找来 30 位由教师推荐的小提琴学生，分为 10 组，并按水平高低划成三个等级："优秀"等级是未来独奏小提琴家的人选，"良好"等级将来有望进入交响乐团，第三等级则是水平更低一些的所谓"音乐教师"（不作评论）的人选。调查发现，所有人都是在八岁左右开始学琴，并在十五岁时选定职业乐手的道路。他们平均每周学习音乐时间是 50.6 小时。表面上看，每人用于练琴的时间都差不多，区别在于，前两个等级的学生平均每周花 24.3 小时进行个人练习，也就是下私功，而第三等的学生每周个人练习时间平均只有9.3小时。此外另一个显著差别则是：前两个等级的学生每周平均睡眠时间为60小时，而第三等级的学生只有54.6小时。换言之，较好的小提琴学生在个人练习和休息上花更多的时间。但"优秀"和"良好"的区别并不显著。只是当研究人员请他们回顾开始学琴以来的累计练琴时间时，他们发现尽管这两个等级的学生目前每周练琴时间大致相同，但"优秀"学生开始练琴的年龄更早些。十二岁时，"优秀"学生的累计练琴时间已经比"良好"学生多了1000小时；到十八岁时，"优秀"学生平均累积练琴时间为7410小时，"良好"学生是5301小时，未来的音乐老师们则是3420小时。心理学家们由此得出结论："各组别学生演奏水平的高低与他们累计个人练习时间的多少有着紧密的联系。"不仅小提琴学生是如此，钢琴学生也是这样，研究人员因而认为：无论何种乐器，专业演奏家在二十岁前平均都有10000小时的累积练习时间。更确切地说，10000小时的"刻意练习"，主动提高了难度和强度，并且因为更具挑战而以个人练习为主，以避免他人评价的干扰。在一篇题为《刻意练习在专家水平习得过程中的作用》[1]的论文中，作者们还把同样的结论扩展到了体育领域。就和演奏乐器一样，体育运动中所谓的天赋和天才其实也是常年刻苦训练的结果。附会加泛化，对30名小提琴学生进行的研究摇身一变成了"10000小时定律"，即，对有志于成为专业人士的人而言，10000小时的训练时间是成功的充分必要条件。结论鼓舞人心，它是民主和平等的，因为它不仅假定了"有志者事竟成"，而且认为凭借

---

[1] The Role of Deliberate Practice in the Acquisition of Expert Performance。

训练，我们想有多高水平就能有多高水平。但这条定律带来的后果还有儿童早期训练时间的增加，无论是演奏乐器还是进行体育运动，并加强一种偏见：如果我们没能在某个领域取得足够的进步，那一定是因为自己缺乏刻苦练习。这一定律既让人解脱（一切皆有可能），也让人负疚（之所以没取得成就，完全是你自己的错）。因此格拉德威尔所谓的"卓越的魔法数字"，很可能反过来成为一个歧视性的数字。

丹·麦克劳林（Dan McLaughlin）读了格拉德威尔这本书（很可能在某次航班上吧），把这个数字当了真。于是，2010年4月5日，也就是他三十岁生日那天，麦克劳林决定放下一切，全力投入高尔夫球运动，立志要用10000小时的练习来成为职业选手。要让实验成立，他必须没有特别的运动天赋，并从未打过高尔夫球。确实如此。麦克劳林把自己描写为一个完美的普通人。如果这条定律对他有用，那么它就对所有人都有用。麦克劳林为自己的这场冒险开了个博客，甚至请教了柏林小提琴手研究的作者埃里克森教授本人，让他为自己做计划，此外还找了专业的高尔夫球教练随时纠正动作。麦克劳林每天练习6小时，每周练习6天。每天6小时几乎是"正常"训练量的两倍。按照这个速度，麦克劳林本应在2016年底达成10000小时的训练量，并成为职业高尔夫选手。

然而事情并不像预想的那么简单。埃里克森本人承认：他的研究依据的样本数量太少，结论难以普遍化。而且研究对象是已经经过选拔和训练的人，无法分辨他们的能力中哪些是与生俱来的天赋，哪些是后天练习的成果。所以研究在设计时力求排除所有与天赋有关的因素。此外，该研究还是回顾性的，小提琴学生根据回忆提供的数字可能有 500 小时的误差。最后，也是最关键的是，10000 小时这个数字只是平均值，这意味着平均而言，最好的学生练习了 10000 小时。但我们不知道差值是多少，换言之，我们不知道每个研究对象与平均值的差异。

大卫·爱普斯坦注意到这一其实并非细节的细节，举出国际象棋为例。国际象棋与小提琴不同。国际象棋选手按一个国际通行的积分系统被赋予积分，也就是埃洛分（这一命名来自该系统设计者的姓[1]），因此我们可以根据选手的积分精确地知道他们的水平高低并追踪其变化。2007 年，心理学家吉列尔莫·坎皮泰利（Guillermo Campitelli）与费尔南·戈贝（Fernand Gobet）对 104 名不同水平的象棋选手进行了一项研究。一般选手的埃洛分约为 1200，象棋大师的积分在 2200—2400 之间，特级大师更可达到 2500 分以上。他们发现，要使积分超过 2200 成为职业棋手，平均需要 11053 小时的训练时间。这比成为专业演奏家需要的 10000 小时稍多一点。但一个难题在于，成为职业棋手所需的时间长短因人而异，从 3000 小时到 23000 小时不等，差值竟然高达 20000 小时，这相当于二十年的"刻意练习"！为了达到相同的水平，有些人需要花费八倍于他人的时间。还有人花了超过 25000 小时都没能达到大师等级，甚至可能永远无法成为大师。

体育运动也是一样。一项关于铁人三项运动员的研究表明，为了达到相同的竞技水平，不同个体所花时间的差异系数可以达

---

[1] 国际象棋积分系统的设计者是匈牙利裔美国物理学家、天文学家埃洛（Arpad Elo，1903—1992）。——译注

到 10，也就是说，有些人要花费别人 10 倍的时间才能达到相同的竞技水平。此外，训练时间相等的情况下，研究人员还观察到了社会学家所说的"马太效应"——这个名称源于《马太福音》的一段经文："凡有的，还要加给他，叫他有余；凡没有的，连他所有的也要夺去。"现实并非严格如是，毕竟训练对每个人都有效，但训练不仅无法补救天赋的差异，反而会不可逆地加剧这种差异。优秀的人比良好的人能更快地变得更优秀，更别提一般的人了。

根据 10000 小时定律，造成这种差异的是训练时间的长短。但安德斯·埃里克森后来还对飞镖选手做了研究，在 14 年的飞镖生涯之后，选手成绩的差距只有 28% 是由训练造成的。换言之，一般人即便毕生从事飞镖练习也无法赶上最优秀的选手，甚至可能连专业级都达不到。因此大卫·爱普斯坦做了个幽默的总结：10000 小时定律最好改为 10000 年定律。

无论如何，在某个领域里花费 10000 小时并不是获得专业技能的绝对保证。我们一方面需要与生俱来的"硬件"（"电路"，"计算机"），另一方面还需要经由训练而后天习得的"软件"（"程序"）。那种可用训练代替天赋并保证能成为"异类"的所谓魔法数字并不存在，天赋和训练缺一不可。如果说没有训练的天赋是休耕地，那么没有天赋的训练则只能是荒地。这两种情形都属于浪费。有天赋而不练习固然令人惋惜，没有天赋盲目练习更会造成反噬：我们往往会因此不必要地经受身体或自尊心的创伤，而原先的韧性和坚持则会反过来变为那种盲目和徒劳的固执。

丹·麦克劳林对此就深有体会。2015 年，他暂停了"丹计划"：他的背伤使其无法再继续"刻意练习"——事实上他无法进行任何练习。意外？疲劳？躯体化[1]症状？10000小时让他在字面意义上不堪重负。到6000小时的时候，他的身体发出了喊停的信号。在两年的沉默和否认后，麦克劳林的情绪已经到了崩溃的边缘。2017年，他正式终止了这个实验，并在记录训练进展的博客网站上贴出了最后一条消息："很抱歉花了几乎两年才写出这段话。改变计划或中途放弃绝不是我的本意。长期纠结之后，我痛苦地认识到自己身体的极限，我想该翻过这一页尝试其他事物了。直到最近我都无法承认一切都结束了，甚至现在也不能，就好像我还不能完全接受这个新的现实[……]放弃高尔夫运动，对我来说是痛苦的，但在付出必要的时间消化之后，我最终认识到有些事并不取决于你自己，它不以你在理想世界中的意志为转移，而是取决于你如何利用面前的形势。"

对麦克劳林来说，他真正勇敢的地方在于认识到自己作为人的极限，并放弃了全能的欲望，然后重新发现了那个斯多噶式信条，即：幸福就是做你所能掌控的事，把其他的留给诸神。从这个意义上说，是的，这个实验给麦克劳林带来了教益：他的失败其实是个成功，因为他不仅认识到自己身体的现实，而且认清了所有的现实。他花了6000小时认识到这一点，并接受了斯多噶的信条，这对他而言算是幸运的，因为他比预想的少花了4000小时。不过这还没有计入他2015年之后的怀疑和否认的两年，也就是总计365×2×24=17500小时的"刻意抑郁"期（因为抑郁是全天候的），他花了这些时间才意识到10000小时定律或许

---

[1] 躯体化：一个人本来有情绪问题或者心理障碍，但却没有以心理症状表现出来，而转换为各种躯体症状表现出来。——译注

压根不存在，即便存在，这个数字也是因人而异的。把10000小时视为"定律"满足了虚荣，那使人觉得一切都取决于个人的意志和努力，只要进行足够长的练习，我们就能心想事成。如果水平的高低只取决于个人的意志和努力，如果10000小时的练习就足以敉平天性上的一切差异，既如此，我们又为什么要把比赛分成男子组和女子组呢？正如大卫·爱普斯坦揭示的那样，有志未必事成。有人也许会觉得，10000小时的训练之所以无法让人成为高尔夫球冠军，是因为其强度还不够，这个看法就和觉得冠军是天生的无需任何训练一样是错误的。尽管带有众生平等的色彩，但10000小时定律带来了一种比随遇而安的态度更加有害的幻觉。练习固然必不可少，但我们也不能忽视自身的极限。因此我们不能说"有志者事竟成"，而只能说"能成事可立志"。

是的，没错。1998年世界杯决赛中两度用头球攻破巴西队大门时，齐达内二十六岁。从他十四岁在戛纳体协队开始足球生涯算起，齐达内此时差不多积累了10000小时的训练时间。1998年他加盟尤文图斯队，该队的训练也是出了名的严酷。所以，成为"齐祖"之前的齐达内没少受罪。菲利普·珀蒂也是一样，1974年在世贸中心双塔之间走钢丝时，他即将年满二十五岁。从开始练习走钢丝的时候算起，他那时应该也积累了超过10000小时的训练时间。而且珀蒂此前就有丰富的高空走钢丝经验：他曾于1971年在巴黎圣母院的钟楼之间走钢丝，1973年，他更是在悉尼海港大桥的两座桥塔之间行走，那是当时世界上最宽的桥。

然而让我们诚恳地提一个简单的问题：努力的益处自不待言，但仔细想想，你会认为在经过10000小时的练习后，自己即便不会成为世界冠军,至少也会达到某个领域的顶尖水平吗?如果你对答案还犹豫不决,那我再问另一个问题,估计它会让我们取得共识:有谁会认为,只要经过10000小时的训练,自己就能在400米的高空走钢丝?或者保守一些:有谁会认为只要经过10000小时的训练,就能在巴黎圣母院的钟楼之间走钢丝?

四
神助的状态

> 神迹不费力。
> ——埃斯库罗斯

雅尼克·诺阿对音乐很着迷。每当歌唱时,他总是无比兴奋;跳舞对他而言也是无比幸福的事。没说的,有朝一日他一定会从事和音乐有关的工作。但此时此刻,诺阿是一名职业网球选手。那时他还没赢下法网冠军。1982年11月6日清晨7时,诺阿在图卢兹一家夜总会和朋友们狂欢,喝得烂醉。但几小时后(确切地说六小时),他将在图卢兹网球大奖赛决赛中迎战捷克选手托马斯·斯米特(Tomas Smid)。看,这就是无法抗拒朋友出门喝一小杯的邀请的下场。夜店打烊时,天光已经大亮。诺阿——他也不知道自己中了什么邪——脱下衣服抛给目瞪口呆的路人,在路边沟里打滚,最后只穿着内裤回到酒店。当他终于闭上眼睛睡觉,却已经到了该起床的时候——你知道那种感觉才眯了一会儿却被闹钟叫醒的苦恼。12点10分。黑咖啡、可颂、阿司匹林、克劳酸[1]。然后很快就站上了球场。出乎所有人意料,甚

---

[1] Guronsan,一种含葡萄糖醛酸和咖啡因的缓解疲劳的药物。——译注

至连诺阿自己都没想到的是，他以 6-3 和 6-2 的比分直落两盘战胜了对手。

到底发生了什么？我们可以从这个场景中得到怎样的启示？首先：体育运动并不总有什么教育意义，但它有自身的逻辑。宿醉既不是值得推荐的训练方式，也不是准备重要比赛的好方法，但这次它起作用了：诺阿没有一个人在房间里辗转难眠，对第二天的比赛忧心忡忡，而是在夜间节日般的气氛中忘记了比赛的压力。他的大脑摆脱了焦虑，他其实比自己认为的休息得更好，而由于期待值变得很低，他得以以完全放松的心情参加比赛。诺阿这种对目标相对淡然的态度，反倒使其对自己的身体充满了信心，实现了那著名的"顺其自然"——充满压力的现代生活所谓的神奇解药，通常状态下，我们越是努力想要做到这一点，离它反而越是遥远。很正常，如果我对你说"顺其自然吧！"，你就会一心朝这个方向努力，反倒会紧张。就仿佛咬着自己尾巴的大蛇，越想顺其自然越是不自然。而在这个案例中，借助酒精，身体得以只凭直觉行动，不受或甚少受意识的干扰。那是一种未经思考的忘我状态，自然而然的禅定状态，我们因为没有任何目标而百发百中。放松是达成此状态的必要条件。我们必须完全信任自己的身体，并接受身体掌握指挥权。的确，这就像酩酊大醉！这话只能悄悄说，有许多证据表明，喝醉了的不眠之夜最接近神助状态。走钢丝的菲利普·珀蒂也提到了与诺阿类似的经历："醉酒的时候，我向自己证实，一具知道怎么做的身体不需听人驾驶……"[1] 在醉酒状态驾驶身体，或者更确切地说身体的自动驾

---

[1] 菲利普·珀蒂，《走钢丝理论》。

驶，允许获得专业训练的身体自我驾驶，这不能被用作方法，但在此处是一个证据。它证明，在身体知道的时候，是可以放手让它自己运行的。你会说，身体之所以知道怎么做，是因为它长时间地学习过。那是当然，无论是走钢丝还是打网球，要能放心到听凭身体自己反应，那一定是对身体进行过长时间的训练。更确切地说，让身体做好了准备。因为在上一章里我们看到，这种准备并不只是时间的问题。那它是哪方面的问题呢？

次年，也就是1983年，雅尼克·诺阿获得了法国网球公开赛冠军，这次在决赛中，他神智清醒，且做了充分准备。当获得赛点时，他"有一种离地飞行的感觉，仿佛自己变得比空气还轻。就像在梦里？不，不是梦，不一样……和所有体验都不一样。"[1] 这种状态，诺阿只在数年后重温过一次，那是一个清晨，他躺在床上，半睡半醒：是"最原始的幸福。从脚趾到发梢，我成了幸福本身。没有东西能伤到我。这持续了二十秒。我感觉祖父就在身边，虽然我看不见他。"诺阿过世的祖父向他显灵了。一场神秘体验，但它更是生理体验。可惜，和前一次一样，这一次的状态也没持续很久。不过一旦感受到这种幸福，我们就无法忘怀，我们只想着一件事，就是如何重新找回这种感觉。

齐达内在2006年世界杯上的表现也可以说明这一点。齐达内在2004年就退出了法国国家队，但在一个午夜，他似梦非梦地与一个神秘人物交谈，这次交谈使他下决心重新披上法国队的战袍，创造职业球员生涯最后的辉煌。虽然齐达内对这个经历不愿说太多，但对于这位如此内向的球星而言，承认这件事存在就

---

[1] 雅尼克·诺阿，《秘密……》(*Secrets etc...*, J'ai lu, 1999)。

足够令人吃惊了。齐达内的回归同时也将是他的告别："对我而言那届杯赛就是一切，我全投进去了，我拿出了全副本领。"[1]许多人觉得他年龄太大，也有人认为他已是过气球星，每场比赛都可能是最后一役，但他的状态空前的好。在他的带领下，法国队接连战胜了西班牙和葡萄牙这样的劲旅。不过和1998年类似，齐达内发挥最出色的比赛是2006年7月1日在法兰克福对阵巴西队的四分之一决赛。他全场发挥无懈可击，每次触球都展现了无比的天才。前法国国脚、以刻薄评论闻名的著名足球记者让－米歇尔·拉尔盖（Jean-Michel Larqué）惊叹道："我从未见过有人在场上这样踢，真是件艺术品。"齐达内本人则轻描淡写地说："很快就进入了比赛状态……对手是巴西队，管他呢，输就输吧。"吊诡的是，恰恰由于巴西队如此强大，齐达内才能更加轻松地与之对抗：因为他没有什么可失去的。压力比1998年更小，因为这并不是决赛。从更衣室通往球场的走廊上，两队队员之间的气氛其实相当轻松友好：大家谈笑风生，互相拥抱，能打这场比赛，大家都很开心。有时候踢球是双方的相互对抗，有时则是两队的共同比赛。巴西队不仅是对手，也是所有足球运动员的梦想。比赛没有压力，有的只是愉悦。这能感觉出来。齐达内回忆道："真的完全沉浸在比赛中。有一刻，有一种金身不败的感觉。因为很享受，很开心。尤其是进球的时候。进球的时候，那感觉，就有点像在云端飞翔。"同场的法国队队员比森特·利扎拉祖（Bixente Lizarazu）也证实了这一点："他在场上的

---

[1] 亚历克斯·德拉波尔特（Alix Delaporte）与斯蒂芬·莫尼耶（Stéphane Meunier），《齐达内，卓越人生》(*Zidane, un destin d'exception*, Studio Canal, 2007)。

表现像天使一样，我从未见过这样的景象。感觉就不是一个凡人。"齐达内自是谦逊，但并不讳言自己当时的超常表现："怎么说呢？印象，印象中我的表现非同寻常。有人说今晚的巴西人是齐达内。但我想说的是，如果只有我一人在场上，我是做不出任何成就的。"我们要感谢团队精神，或干脆感谢精神。比赛过后，队员们还沉浸在这种完美、永恒和不可战胜的感觉之中："更衣室里，人人都说着'过瘾''带劲'，都想接着踢下去，这比赛太酣畅淋漓了，它太棒了。它……"说到这里，齐达内笑了，沉浸在美好的回忆中。那一天，齐达内空前绝后地在理疗师的桌上跳起了全裸舞蹈，那快乐无法用语言形容。雅尼克·诺阿和所有人一样观看了这场比赛，他试图用语言描述："齐达内那是神助的状态。我通过训练寻找这种状态，试图拆解它、传授它。有些日子，你会一下子就精通了所有东西，一切就变得十分自然，因为你已经练习了十五年，然后一刹那间，你也不知为何就达到了神助的状态。我记得许多动作，当然我记得那场胜利，但还记得许多动作，特别是他的脸……你看他的脸，不瞒你说，我起了鸡皮疙瘩，那表情非常特别。他总是望着天空。你看，那是……"说到这，诺阿也迷失在了美好的回忆里，他得出了和齐达内同样的结论：还真是不可言喻，"很少见的时刻"。

结束了职业球员生涯之后，诺阿担任法国队领队，征战戴维斯杯，于1991年、1996年两次夺冠，并在时隔多年后于2017年再次夺冠。自打开始训练其他选手以来，他从未停止思考如何能让个体、团队超越自我。虽然提到了齐达内的神助状态，但他不太喜欢用这个概念。"这不失为一个漂亮的字眼，但它会让人觉得处于这种状态的人无法真正控制它。但情况恰恰相反。"[1]他倾向于用美国人"处于娴熟区"(in the zone)的说法,与"神助"相反,这一说法默认个体拥有全面控制。处于"娴熟区"时,我们无需多想就能完美地做出动作,一切都成了本能,轻松自然。有醉酒之益,而无麻木之碍。虽然我们有可能偶然地进出"娴熟区",但真正的境界在于随心所欲自由出入。"神助"是赐赠的,带有宗教色彩,它以某种被动或祈求为前提;而"娴熟区"则是征服而来,有主动、操作的意味,也有可供占据的领地的意味。神助是一种状态,娴熟区则是一个空间。从词源学上说,"区域"(zone)这个词来自希腊文"带子"(ceinture)。至于我,我更倾向于用"行动点"(point d'action)这个说法,在这个点上,我们与自身达成了一致,意图和行动之间不再有任何距离。行动点是本性之点,抵至行动点,你不用再思考自己怎么做,因为你已经在做了。在行动点,你既是最平静的,同时也是最活跃的,你在其中聚精会神,忘却了其他,此时你在最大的程度上成为你自己,这恰恰是因为你不再考虑自己。在行动点,你所做的一切都合你心意,与你的生活理念完全吻合。行动点是你所做的一切结合起来产生意义的地方,也是你与自身、与他人,以及与世界之关系的汇聚点,在其上,这些关系都达成了和谐。这是一个幸福的点,它意味着一切。

无论你是否喜爱体育运动,无论你是否参与体育运动,关于轻松或神助的问题关系到所有人,关系到生活的方方面面。体育只是一个例子,因为比较容易理解。我们很容易看出某些人"不在状态",也很容易看出那些"投入比赛"或"投入赛道"的人。

---

[1] 雅尼克·诺阿,《秘密……》。

弗朗索瓦兹·萨冈在描写她自己写作中的神助状态、行动点时，也曾用了体育运动的隐喻："这种状态'开始'时，它的运作就像上了油的机器那样完美，也如同百米冲刺那样流畅。此刻我们可以见证遣词造句的奇迹，就仿佛心灵离开了身体在独立工作。我们成了自己的观众。因此我一刻不停，写得非常轻松。这种状态运转起来真是太妙了。果真有一些老天保佑的时刻。是的，有时候我觉得自己成了词句的女王。这是非同一般的身处天堂的感受。相信自己写的东西，是一种迷狂的喜悦。我成了全世界的女王。"[1]

著名钢琴家埃莱娜·格里莫以对狼和钢琴的热爱而闻名，她认为琴键前的演奏家处于一种"降神的状态"。演奏家因对某种存在的直觉而"振动"，那是"令人瞬时大悟并主宰身体动作的启示"。这不再是体育用语，而是带上了宗教和超自然的意味。"钢琴家在练习时要做的，就是为这种降神状态做准备。走上舞台时，我孤身一人，而一旦开始演奏，我就不再孤单。某种存在伴随着我。那是音乐之灵？抑或我所演绎作品的作曲家之灵？另外，当我灵魂出窍，一边演奏，一边看着正在演奏的自己，有时会见到一束光倾泻而下，笼罩着整台钢琴，我知道那束光就是它们。"这种分离和弗朗索瓦兹·萨冈的经历有几分相似，萨冈也提到自身作为"观众"旁观的"奇迹"，说到"天堂"，说到某种"几乎出离自身"的运行状态。埃莱娜·格里莫只是去掉了"几乎"——那不是她的风格，并描绘了——以合格神秘主义者的姿态——一种兼具神秘性和物理性的经验。用她自己的话说，她

---

[1] 弗朗索瓦兹·萨冈，《我决无反悔》。

成了"女巫、灵媒",通过演奏音乐召唤作曲家的灵魂。面对这样一名不只满足于演绎音乐,且敢于在某种幻视状态下体验音乐的职业钢琴家,我们或可为之发笑或战栗,但也可表示钦佩。再说,获得启示的未必都是宗教狂人,格里莫同样能够向我们揭示这种启示的本质,并以分析方法对之展开描述。这种神助的经验首先意味着与时间关系的改变:当钢琴家"在乐谱的每一页倒转时间的方向,他不是被时间之流带向未来,相反,是未来前来与他相会"。弹奏一份乐谱就像是时间里的旅行,更确切地说,就像是看着时间向自己旅行。钢琴家"把一切都混合在一个没有界限的当下;至高时刻,他愉悦地升起:大地就在他的指间向着远方退避。"[1] 如果当下是没有界限的,它自然也会和过去相融,使钢琴家得以和以往拥有相似经验的作曲家照面。弹奏某个作曲家的一段作品意味着与这位作曲家情感交融,重新经历同样的东西,在其作品中感觉其存在。这一点也不令人吃惊,毕竟艺术家本身不就是"灵媒"吗,通过他们的作品,跨越时空与我们每一个人交流?谁没有过某些书籍、电影或音乐就像是专门为自己度身打造一般的感觉呢?艺术家是我们的知音,他们始终在寻找神助时刻以与我们分享。这里的吊诡之处在于:在神助状态中,我们是如此地"投入",以致其他东西都不再存在,因而也无物分享:"舒曼曾写道:有些时刻,音乐完全占有了我,除了声音,什么都没给我留,恰恰导致我无法谱写任何东西。"当"它运行起来",你是无法停下记录的。同样,当它滞涩不前的时候,我们也没什么补救的方法:"昨天钢琴行进得很艰难,就好像有人抓

---

[1] 埃莱娜·格里莫,《野变奏》(*Variations sauvages*, Robert Laffont, 2003)。

住了我的臂膀。我不想勉强。困难与黑暗似乎掩盖了存在与天穹。"[1] 和格里莫一样,罗伯特·舒曼也知道不能勉强。我们必须为"降神"做预备,但练习只是神助状态的等候室,它并不能保证我们获得启示。

因此,神助状态永远不确定,就是最优秀的人也只像其他人那样尽力期盼。不过,要想品尝这种神助状态,体验成为世界之王的感觉,我们未必需要成为某个领域的大师:足球、网球、文学、音乐……我用这些例子无非是要强调某种经验——行动点经验——的一致性,当那种状态"开始了""运行起来了"的时候,当"它太美妙了"、当"这……"无法言喻或谱写的时候,因为言说或作曲都意味着从我们所观照的东西那里抽离出来记录或评论,而不是留在那状态"之内"。关于"行动点"最合适的表述莫过于省略号……

如何达到这个点呢?如果你已经有过"娴熟区""神助"或"行动点"的经验,那么为了重返那里,最好的做法就是重构曾经引领你到达那里的道路。雅尼克·诺阿将其称为"小拇指的卵石"。你在那之前做过什么?你在怎样的环境中?周边有什么人和物?你当时在想什么?……诸如此类。你要放松,让这些回忆和感觉涌现出来。然后写下来或记在心里。例如,弗朗索瓦兹·萨冈常常被采访者问到这个问题,她是这样回答的:"我在夜间写作,因为只有此时我不受电话和访客的打扰,可以平静而专心地工作。在午夜的巴黎工作,就像在乡下一样。简直太梦幻!我从午夜一直写作到清晨 6 点。如果说白天充满各种应酬,

---

[1] 埃莱娜·格里莫,《女钢琴师的心灵之旅》(*Leçons particulières*, Robert Laffont, 2005)。

让人觉得如临大敌，那么夜间就是平静的大海，一望无际。我喜欢在睡前看日出。有时，我会用几个 10 到 15 天的阶段来完成一部小说。阶段之间的时间，我会用来构思故事，我会做白日梦，然后与人谈论其中的内容。在乡下，我午后工作。乡村的好处就是，起床后，我能在户外游逛，看看青草，看看天气如何。到了下午，16 点左右，我就对其他人说：'我必须工作了。'抱怨，呻吟，小作一下。当和打字机或钢笔相处顺畅，你就会废寝忘食。但这并不是说我在乡村比在其他地方写得好。我基本可以在任何地方写作：公园长凳上，树下，或是在旅途中。当我想到一个故事，我就像孕妇。孕妇并不是整天一直想着胎儿，而是时不时地感受到胎动。[有时]在半夜。于是我起身打开灯，四下里找笔，把脑中闪过的念头记在纸片上，但到了第二天，我就对这些想法毫无印象。我记很多笔记，但完全是天马行空。慵懒是必要的。能写出作品，很多时候正是多亏了这些被浪费掉的时间，那些什么都不想的白日梦。"

雅尼克·诺阿专门写过一本题为《秘密……》（注意标题里就有省略号）的书探讨是否有一种进入"娴熟区"并将这种经验拓展至整个人生的方法。不至于揭晓"秘密"，本书会提及其中几个，此处不妨谈谈第一个，也是最重要的一个。诺阿写道："1991 年，就在我决定逐步隐退，结束职业网球生涯的时候，练习瑜伽彻底改变了我对生活的看法。我意识到自己本该带着放松和愉悦的心情打网球，但以前的无知导致我一向凭借力量和凶狠打球。"讽刺的是，一直要到隐退的时刻，诺阿才发现了愉悦和放松的重要性。他的处境比较特殊：作为球员，诺阿唯一一次体验到神助状态是在 1983 年称冠法网的时候，他一直在思考为何后来没能重演当时的壮举，欠缺的是什么。然而，神助出现的首要条件便是不能强求。

齐达内同样在追寻他那些神助的状态来自何方。当然，他用的不是这个词，他的谨慎是有理由的。他比任何人都清楚自己做了多少训练，他知道为了达到最高水平自己从小到大做出了多少牺牲。但他也知道，因为经历过多次，在最高水平之上仍有更高的东西、更高的人，正是这种东西决定着历史，决定着他的历史。例如，1998年的世界杯上，他在决赛之前没有一粒进球，他为什么能突然觉醒，在对阵巴西的决赛中独中二元？在最为重要的时刻，在进球价值最高的时刻，而且都是头球，要知道他自己也承认，那并不是他的强项。又比如，2002年欧洲冠军联赛决赛上，他为什么敢于接过罗贝托·卡洛斯如同橄榄球长传一般的传球，不控球，左脚直接凌空抽射，把球射进球门死角？这个完美动作，纯净得不像尘世所有，就仿佛身体接棒控制了一切。后来在一部题为《齐达内，卓越人生》的纪录片中，齐达内本人这样评论："那是一生中只有一次的机会。它降临到我头上，那再好不过。事后你会寻思：'他帮了我，他没帮我？'我会一直说……他关注着我……"这里伸出援手的"他"到底是谁？齐达内是信徒吗？他没有说。但这些话表明他承认感到有人在陪伴他，他受到某种超自然力量的眷顾，至少那是他的幸运之星。

齐达内那记完美的射门被视作欧冠历史上最美进球之一。我们往往会觉得这个进球对齐达内来说并不困难，他想踢随时都能踢。但在看到这个进球的同时，我们也知道，自己模仿不了这个动作。有意思的是，对于齐达内本人也是如此。这个无法预料的动作即使对于齐达内本人来说也是无法复制的。他平静地告诉我们：这个在决赛里不假思索地完成的动作，他后来从未在训练中实现过。"不假思索"是这里的关键。那是完全意义上"失去控制"的一脚射门。齐达内之所以成功，恰恰是因为他没有思考。更确切地说：他之所以成功是因为他是齐达内，是因为他没有思考。仅仅不思考不足以让我们踢得和齐达内一样好，因为那样也未免太简单了。而当你是齐达内，不需思考的时候最好就不要思考。当踢球已经成为本能和第二天性的时候，当身体知道怎么做的时候，就应当放任身体去做。

因此在这个射门动作中，最重要的不是动作本身，而是在合适的时机到来时敢于去做。对齐达内而言，那不仅是一场欧冠决赛，1997和1998年，他曾代表尤文图斯队两度在欧冠决赛中功亏一篑。他最大的恐惧，是这次披着皇家马德里队的战袍再次失利，从而成为队友眼中的"黑猫"，也就是带来霉运的家伙。而齐达内在这场关键一役的最大成功，就在于不让自己被这个念头缚住手脚。他是如何做到这一点的呢？他没讲过他的方法，他也未必有一套方法，但他能够描述自己在做一个独一无二的动作时的心理活动。

四年后，齐达内在2006年世界杯对阵意大利的决赛中主罚点球，他面对的是意大利具有传奇色彩的门将布冯，布冯对齐达内射门的特点了若指掌，因为当齐达内尚在尤文图斯队时，他们曾在意甲联赛上多次同场竞技。主罚点球是对心理素质的巨大考验。尤其对于一个伟大球员来说，一世英名几乎都系于此。在世界杯决赛中罚失点球是不可挽回和无法忘却的，尤其是在职业生涯最后一场比赛上。足球运动出现之前数百年，笛卡儿就说：犹豫不决是最糟的恶习。齐达内本人也解释过，点球属于特殊的动作，它不是比赛自然进程里的动作，踢点球要另作准备，无法依靠本能："最好事先知道要往哪里射，因为事到临头来不及准备。"必须在起脚前做决定，选择射门的方向、力度以及高度，并且贯彻到底。在此过程中，如果因对方门将的动作而出现哪怕一点点的怀疑和犹豫，结果都可能是灾难性的。当齐达内开始助跑，全世界都屏住了呼吸。通常，他会用右脚脚弓用力将球射向球门左面侧网。但出乎所有人意料的是，齐达内做出了疯狂的举动：他踢出了帕连卡式点球（因其发明者而得名）[1]。他把球搓起来，并不用力地吊向球门的正中，就是门将所站的位置，以使皮球像"枯叶"般坠落。齐达内利用了布冯的出击，这位门将当时已经向自己右侧扑出了，因为他知道齐达内罚点球的习惯。但皮球的方向与他的预判完全相反，他停下动作，只能眼睁睁地回头望着皮球在击中横梁后弹入球门线。这就好比在网球比赛中，一方选手在赛点上冒险压线轻吊，而不是如可预见的那般安全扣杀。雅尼克·诺阿钦佩地说："在这种场合，几乎所有人都会被压力所笼罩，选择保险方案，但他却在玩，这难道不神奇吗？"难以置信但千真万确。在世界杯决赛中，明知有几十亿的观众在看，为什么齐达内要做出如此高风险的举动呢？本人的回答是：不知道。他说："那是一瞬间发生的事。我告诉自己……我把球放在罚球点上，后退，助跑，起脚，就发生在那一瞬。事先我也没这样打算。它就发生了，事实上就发生在那 10 秒钟的时间里。我心说就这招了，我得用这招。"看上去齐达内当时并没有遵循自己的建议，在做出动作之前，他没想好怎么做。就那样头脑一

---

[1] 即勺子点球，因最早使用这一技巧的前捷克斯洛伐克名将帕连卡（Parenka）而得名。——译注

热。但如果我们仔细琢磨他的话,在起脚前,他其实知道了怎么做。齐达内证实了笛卡儿的第二条准则:一个决定好与不好,与是否经过长时间思考、甚至与是否经过思考都无关。做出决定,贯彻决定,那它就是好的。齐达内做出了一个瞬时决定,与执行过程近乎重合。其间没留任何怀疑的空间,很简单,因为时间不允许。那个时刻是如此短暂迅速,以致我们不知道究竟是齐达内做出了决定,还是那个决定支配了齐达内。这种即时性和瞬时性正是其成功的条件。齐达内显然是有方法的:罚点球并不是一种本能动作,但他尽可能地把它变成了一种本能动作。他做到了在做决定的同时不去多想。这里有某种盲目或是灵感,两者其实是同一的,它们使齐达内敢于尝试不可能之事,并且获得成功。这同时也是某种无个性(impersonnalité)。达到行动点时,我们变得仿佛谁也不是,仿佛什么都无法阻碍当下局面的指令,哪怕自己的精神也不能。在这个意义上,行动点也恰恰是不行动点。当齐达内说"他关注着我"时,他实际上承认和自己的所为无大关联,他只知道自己必须这么做。齐达内选择服从自己的命运,就仿佛它已然注定了。与此同时,他承认自己的动作是有预谋的:"要让人永远记住。"在职业生涯的最后一场比赛里,特别因为这是世界杯决赛、是全球观众瞩目的焦点,齐达内意图留下永恒的印记。这个点球注定与众不同。雅尼克·诺阿敬佩齐达内,敬佩他没有因为比赛的重要性而束手束脚,反而恣意去"玩",但诺阿弄错了关键:对齐达内而言,真正重要的不在于第二次夺得世界杯,而在于以他独有的不同寻常的方式去夺冠,让自己在绿茵场上青史留名。

一说到命运,我们往往把它当作一个放弃的借口。如果一切已经注定，我们会倾向于把一切托付给神明，而不会关注和掌控自己的生活，我们会无欲无求、更易放弃。然而，正确理解命运，那它就不是阻碍我们的力量，而是为我们带来自由的力量。如果一切已经注定，那我们就没有丝毫可担忧的了，不如放手一搏。命运远远不是判决，相反，它为我们带来了成为自己的机会。因为无论如何，我的命运是我自己的。命运的观念并不是要鼓励你放弃，而是要使你松弛下来。在诺阿看来，松弛能让人尽量发挥。一旦我们卸下了责任和犯错焦虑的重负，就不会满足于平庸，患得患失的恐惧也将一并消失。比赛就成了纯粹的享受，一切都只为了开心愉悦。

无论信仰对象是什么，它都会使身体从思想的桎梏中解脱出来。对正在进行着困难行动的人来说，没有什么比相信冥冥中任务已经完成更有用的了。或许正是出于这个原因，拳击选手——尤其是所冒风险最大的重量级拳手——往往最有宗教情结。不仅原名卡修斯·克莱（Cassius Clay）的拳王默罕默德·阿里皈依了伊斯兰教，而且阿里著名的挑战者，1974年金沙萨那场拳王"世纪之战"中的对手乔治·福尔曼（George Foreman），退役后也在得克萨斯州做了牧师。毋庸置疑，信仰某个神（无论是什么神）能够帮助我们克服试炼，并在遭受挫折时令我们坚强。在遭受痛苦的时候，如果我们相信受苦是有意义的，我们的痛苦就会有所缓和。如果知道神保佑我们、照看我们，我们的恐惧感也会降低。菲利普·珀蒂在往钢索上踏出第一步时，他所拥有的就是一种非常近似宗教信仰的信念。不过，如果他真做祷告的话，那也是向寓于他腿脚之中、他生命所系的那些"神明"祷告，他用一丝不苟的严苛训练换来了"神明"附身。位于纽约的圣约翰神明教堂是世界最大的主教座堂，珀蒂曾因在该教堂塔楼之间走钢丝——就像他曾在巴黎圣母院做的那样——的非法之举而在教堂里被逮捕，该教堂的教长[1]要求警察立刻释放珀蒂，因为他绝对不是入室破坏者，相反，按他的解释，走钢丝者是属于教堂的："走钢丝者和大教堂是同一枚硬币的两面。走钢丝是一个传统活动。不信看看中世纪那些手稿。它是一个神奇的时刻，它是生与死，是天堂与地狱，它是精彩的奉献。教堂是石头建的，走钢丝者则是行动的教堂。"有人问他如何看待珀蒂不是基督徒这件事，他幽默地回答说："他不需要信上帝，因为上帝信他。"

---

[1] 詹姆斯·帕克斯·莫顿（James Parks Morton）。

五
寻找合适的姿势

> 我寻求的是生命，总是生命。
> ——奥古斯特·罗丹

轻松不是一个观念，而是一个姿势。有时我们只需稍微挪动一下，就能在靠背椅里找到最舒服的姿势。这很重要，一定要找到为止。姿势是决定性的。不是靠老师或家长的指令——比如"坐好！""靠右一点！"——来找，而是根据自己的舒适感来找。一切都始于此。

而在行动之前，总得先接收。不是椅子承载身体这种接收，而是天线接收无线电波那种接收。你得调整天线位置，以便百分之百地接收。因为一切就在那里，触手可及。无论你处境如何，调整天线位置、调整你在椅子上的姿势是你的首要任务。老实说，除了让合适位置自己慢慢出现什么都不用做。等待姿势占据你。正确姿势只可能来自你自身，来自你的身体，而不是来自某个指示或命令。有时合适的姿势来得很轻松，有时你可能永远等不到它。但唯一可以确定的是：没有人能够强迫你。因此不必着急，慢慢来。

如果你想通过本书了解如何才能让生活更加轻松，不妨就从这里开始实现轻松的梦想吧，别再等了。要对你的身体有信心。顺其自然，让身体去做。这是所有真正改变的前提。想避免困难，抗拒是没有用的：只有通过轻松的态度才能达成轻松的状态。如果你给轻松一个机会，那它就会到来。

在武术中，可以说尤其是在武术中，姿势是首要的。那也是初学者要学习的第一项内容。当身体处于合适的姿态时，呼吸也变得更轻松，关节不再难受，身体的能量得以循环，即便是休息也成了一种行动。我的朋友阿列克西斯是个关于时间的数学家，他练习瑜伽和太极拳，当我把这本书的主题告诉阿列克西斯时，他不假思索地提到了一个很特别的精神分析师弗朗索瓦·鲁斯唐。鲁斯唐是拉康的学生，他原来做的是基于语言的传统分析，后来使用催眠治疗。需要注意是，这里的催眠和电影里的不一样。电影里往往把被催眠者描写为毫无意识和记忆、任人摆布的受害者。其实真正的催眠无非是一种你可以选择接受或不接受的暗示，属于另一风格的意识。就像建议你"请随意，舒适就好"，而不是粗暴、局限地要求"给我……"。和咄咄逼人行为主义操作也完全不同，后者会强迫咨客做一些恰恰导致其前来咨询的事，并且声称这是为了使其摆脱恐惧。就仿佛重新经历恐惧就足以消除恐惧，仿佛经历多了就不再恐惧似的。但实际上在大多数情况下，这会强化恐惧、坐实恐惧，使其深深烙印在我们心中，甚至以嵌套方式固化，形成对于恐惧的恐惧。我们害怕感到恐惧，那是自然，因为害怕已经意味着跌入恐惧的深渊，有去无回。恐惧总是先于其对象而来。我在预科班的哲学老师于贝尔·格勒尼耶（Hubert Grenier）曾举过在凯旋门的星形广场开车的例子：驾驶员在进入星形广场前最害怕，想的时候害怕。

而一旦驶入那个环岛，就只能打起精神尽量别搞错出口了。行动能把我们从恐惧中解救。因此，恐惧飞机的人完全不必强迫自己坐到飞机或飞行模拟器里，怕水的人也无需迫使自己跳入池中。鲁斯唐认为，你只需立即在你现在所坐的椅子上摆出利于消除恐惧的姿势就行。而唯一有利的姿势只能是令你舒适的姿势。需要注意的是，虽然松弛有利于舒适，但真正的舒适并不止步于松弛："一个舒适的姿势不只是松弛，还要调动四肢和脏腑。在舒适的姿势中，我们身上所有关节都很柔软，可以随时运动，能量像一股气一样畅行，从头顶到脚底、从脚底到头顶。"

哲学家米歇尔·塞尔[1]有一个十分优雅的表述，他用"潜在身体"（corps possible）来指称网球选手上网或足球守门员面对点球时的身体。诚然，身体总是最现实的。但当身体能够应对任何可能性，换言之，当身体没有专门为了某个具体事件预作准备时，那它就成为"潜在身体"，什么都能做。它以最为开放的方式准备着，杜绝思想干扰它的感受。松弛不是行动的反面，而是行动可能实现的条件。想要行动的人先要能够完全松弛下来，然后才能闪电般行动。这听起来或许有些奇怪，但松弛在此发挥了弹簧的作用。越是松弛，接下来的行动就越是集中、强烈。松弛积聚能量，直到爆发。或者简单地说使能量能够流动。能治愈恐惧的不是痛苦，而是舒适。身体不会因为舒适而倦怠，反倒会因此具备应对各种状况的能力。在松弛的身体中，能量"像一股气一样畅行"。松弛的身体要比紧张的身体更有能量——这便是第一个事实，哪怕听起来令人吃惊甚至自相矛盾。

---

[1] Michel Serres（1930—2019），法国哲学家、作家，法兰西学术院院士。——译注

在继续深入之前，我想问一个问题：你如何理解能量？你对能量有什么印象？你觉得最能反映能量的，是一大块正在用力的健硕肌肉——就像健身教练和重量级拳手的肱二头肌，还是埃塞俄比亚长跑选手修长瘦削的体型和流畅的跑姿？拿不定主意的话，我建议你不妨跟着奥古斯特·罗丹参观一下他的私人藏品。罗丹最引以为傲的藏品是一尊古希腊的赫拉克勒斯雕像，就是希腊神话中赢得十二项功绩的大力士。你如何想象这尊雕像？如果你想的是《护滩使者》[1]里救生员那样膀大腰圆、肌肉无比发达的超级英雄，那就错了。艺术评论家保尔·葛赛尔[2]如此介绍："这尊雕像和巨大的《法尔内塞的赫拉克勒斯》[3]截然不同。它极度优雅，刻画了半神年轻而强健的形象，四肢和躯干极为纤瘦。"[4] 没想到！赫拉克勒斯的力量并不体现为硕大的体量，而是体现为充满活力、轻盈修长的体态。他的身材更像是长跑选手，而不是打了兴奋剂的短跑运动员。就应这样，否则他怎么能追得上铜蹄的牝鹿呢？赫拉克勒斯像给人强健的印象，这不是来自过分发达的肌肉，而是源于身体各部分恰如其分的比例关系。对此罗丹说道："*力量总是与优雅相伴，真正的优雅就是力量。*"

罗丹本人也是走过不少弯路才理解了这个悖论。青年罗丹曾把力量与用力混为一谈。"直到三十三岁，我都不敢放弃那种错误的雕塑手法。我一直想制作强有力的作品，但花费了颇多心血，结果总感觉渺小、僵死。虽然我知道这点，却毫无办法。随

---

[1] *Baywatch*，美国电视连续剧。——译注
[2] Paul Gsell(1870—1947)，法国作家，艺术评论家。——译注
[3] 古罗马大理石雕像，高达3米。因16世纪出土后归于法尔内塞家族而得名。——译注
[4] 奥古斯特·罗丹，保尔·葛赛尔，《罗丹艺术论》。

着创作的持续，我觉得这种手法是错误的。"[1] 在创作后来定名为《青铜时代》的作品时，罗丹一连几个月都没有进展，他想尽办法避免失败，1875年底，他临时起意，先是步行，后坐火车，前往意大利观摩米开朗基罗的作品。在罗马和佛罗伦萨的几天行程，彻底改变了罗丹的人生，使他摆脱了学院派手法的桎梏。佛罗伦萨大师的作品丝毫不遵循罗丹在学院里学到的所谓创作规则，但它们却是如此栩栩如生。面对米开朗基罗自然生动的作品，罗丹一下子领悟了多年来按学院矫揉造作的规则寻求而不得的东西。事实就在眼前，他只要追随自然，这看起来并不困难，但他必须要来罗马才能找到，按他的自白，在巴黎或任何其他地方也能找到的东西。

数年后，罗丹自己也成了宗师，丝毫不否认自己对雕塑家米开朗基罗的崇拜，他对其艺术的意义提出了深刻的保留意见。看吧，全都是一个身体姿势问题。罗丹解释说，以古希腊大理石像为例，例如菲狄亚斯[2]的作品，你会发现一切是那样和谐、纤细，人体放松而平衡，毫不使力，处于静息状态。四个视角，"如一阵平静的涟漪贯穿整个雕像。这种平静的魅力同样来自人物的稳定性。重垂线穿过人物颈部中央，落在支撑身体全部重量的左脚的内踝上。人物的另一条腿则不受力：只有趾尖触地，提供了一个额外的支撑点，必要的话就是抬起来也不影响整个雕像的平衡。"这是一种"完全放松而优雅的姿态。肩线与臀线的双重摆动让整个雕像愈发优雅、恬静。"[3] 要想理解罗丹所说的，我建议你

---

[1] 美国国会图书馆，巴特利特捐藏。
[2] Phidias（约前490—前430），古希腊最著名的雕塑家之一。——译注
[3] 奥古斯特·罗丹，保尔·葛赛尔，《罗丹艺术论》。

不妨花一点时间摆一下古希腊雕像的姿势。请站起身来，把你身体的全部重量集中到左腿，然后向前伸出右腿，并且只用脚尖点地。一手握拳摆到胯侧，另一条胳膊自然下垂，这时你的头就会自然地往侧方倾斜。你舒展的胸膛向外鼓出，全部沐浴在光照中。在古代人看来，这种既闲适又警觉的休憩姿势，标志着"生活之乐，惬意，优雅，平衡，理性"。

现在到了比较负面的地方。我们不妨摆一个"米开朗基罗式"的姿势：坐着别起来，并腿转向一边，上身转向相反的那边。接着向前附身，就像要拿东西那样，屈一臂紧贴身体，另一条手臂放到头后面。如果你不必进一步扭曲就能在镜子里看到自己，你会看到自己既展现出一股极端的力量，同时又是"一副用力、痛苦的怪异姿态"。考察重垂线的话，"它不是落在一只脚上，而是落在两脚当中：因此两腿同时支撑着躯干的重量，看上去都在使力"。作品不再有四个欣赏角度，而只有两个：一个在上半身，另一个则与之相反，在下半身。"这使得人物动作介乎爆发与压制之间，与古希腊人像的冷静形成了鲜明的对比。由于两腿弯曲，因此人物并不是在休息状态，而是下肢用力。集中的力量使两腿相互挤在一起，也使双臂紧贴着身体和头部。于是四肢与躯干之间的空间就完全消失了：我们再也看不到古希腊人像中由于手臂和腿脚的自由摆放所产生的为雕像减重的空隙：米开朗基罗的技法创造出块状的人像。"

另外，你现在这个造型形似托座，是中世纪雕塑中一个典型姿势，是用力和忧伤的姿势，表达着痛苦和对生活的厌倦。"托座造型，如坐着俯向圣婴的童贞圣母；如钉在十字架上的耶稣，屈着双腿，躯干朝向他要救赎的众人；如俯身抱着耶稣尸体的悲伤的圣母。"古代人像中靠后的躯体向前弓着,从而在胸部的凹陷和腿下投下浓重的阴影。"简言之,"罗丹接着解释说,"这位摩登时代最杰出的雕塑家为阴影谱写礼赞,而古代雕塑家赞颂的则是光明。米开朗基罗的雕塑反映的是个体痛苦的自我反省,躁动不安的能量,徒劳无望的行动的意志,以及在不可实现的渴望折磨下的殉道人生。"米开朗基罗深受忧郁困扰,是最后的也是最伟大的哥特艺术大师。他最喜爱的主题就是罗丹列出的那些:"人类深邃的灵魂,劳作与苦难的神圣性。[它们]庄严伟大。但我并不认同他对生活的蔑视。我总是不断要让我的自然观更冷静。我们要追求的是从容。面对神秘,我们总是会有足够的基督徒焦虑的。"相较于米开朗基罗那种纠结的哥特精神,罗丹显然更青睐古希腊艺术的阳光精神。你可以相信雕塑家的话:没有什么比身体姿势更重要。你是迎向生活还是与生活逆向而驰,取决于你是立足于优雅还是使力。如果你想综合优雅与使力,不妨学学《米洛的维纳斯》这一在罗丹眼中的"奇迹中的奇迹":"节奏妙到毫巅,而且,带着某种沉思的感觉;因为我们在此看不到那种挺起的形态,相反,女神的躯干略微前倾,就像基督教雕塑那样。但其中既没有不安也没有折磨。这是古代理念的最高杰作:它呈现了受节制的享乐,在理性调节、控制下的生活之乐。"

听完了罗丹本人对于身体姿势重要性的解释,让我们坐回到椅子上,听听弗朗索瓦·鲁斯唐的说法。看看你是否能在坐姿中嵌入一点生活之乐以及古希腊式的愉悦。如果你找到了舒适的位置,那么我就要问下一问题了:你对于能量有什么想法?在你看来,能量是不是像燃油那样储存在某个地方,然后慢慢消耗的东西?抑或是像蒸汽那样可以压缩和释放的东西?又或者是像电流或水流那样流动不休的东西？再或者，用鲁斯唐的比方，是"像气一样"的东西？能量是你生产、来自你的吗？抑或是来自外部在你体内穿行的东西？又或者是在你体外，你在其上冲浪的东西？答案看似无足轻重，实则至关重要。你赋予能量的形象具有决定性的影响，因为想象能量的方式会决定你能否从中获得动力、能否轻松地更新能量。简言之，想象是生活的核心。想象赋予你对自己身体的认识，构造了你与世界交流的本质，可以说，你是由想象编织出来的。想象为意志提供了可操作的形象。你可以把能量想象为固体、液体或是气体，这些不同的想象会带给你不同类型的能量。如果你按照化石燃料和内燃机的模式把能量想象成一种个人储备，那么你的储备就是有限的，并且时不时需要寻找外部能源来"加油"。如果你把它想象成大海一般的生存环境，那么你的想象就会更注重节奏而不是数量，你会渐渐接受这样的观念：能量可以轻松再生，如同潮起潮落，就像海浪一样永远不会停止运动。如果能量被想象成气，那么你就能通过吸气获得能量，你会尽可能延长呼气时间，清空肺部，更新能量，就如同开窗放进新鲜空气。因此，好好想想你对能量的想象，并不妨尝试一下鲁斯唐的建议：与其按照张力和内燃机的模式想象能量，不如试着把它看作自由流动的气。风神看似柔弱，其实始终是最有力的。《奥德赛》中的风神埃俄罗斯比波塞冬和宙斯更能决定奥德修斯的生死。能量是气，是大海，是雷电：无论你把它想象成何种形象，请给它一个机会，坦率、真实地去体验它。你可以试验能量的各种形象，像试驾各种新车一样去体验，而且你没有速度限制。比较哪一种最适合你，最能为你赋能，让你的生活更轻松。寻求对你而言最舒适的形象。在这种方法里，舒适意味着一切。它既是起点也是终点：恐惧在不知不觉中被间接克服。因为它们溶解在一个比其广阔得多的状态里，消失不见。鲁斯唐解释说，催眠无非是"一种能治愈许多纯然编造出的病痛的行动技艺的实践。如果问题通过催眠而神奇消失，那完全是因为就该将其付诸行动，而不是一味痛苦纠结。"当然了，我不可能在此催眠你，毕竟我们是在一本书里而不是在心理治疗诊所，但催眠的目标就在于引入这样一种状态，在其中我们存在的真相得以完全展现，这种状态既非编造亦非幻觉，它能够以一种极其轻松的方式解决那些被认为无法克服的难题。这种状态可以通过催眠获得，也可以靠你自身循序渐进地达成，或者至少有一个大致了解、理解其背后的若干原则。这些原则中的第一条就是：停止思考。

六
滑行的艺术

> 水，如同一张
> 无人能伤的皮肤
> ——保尔·艾吕雅[1]

引人注目的帽子、灰白的长发、为保护敏感的手指而留的长长的指甲……这一切都是他的标志性特征，然而没人认出他，因为这里没人认得他。他远离了自己熟悉的环境。就这一夜，满是书籍的墙变成了满是流水的墙，大学里的长椅变成了片片沙洲，关于意义和逻辑的思考变成了惊涛骇浪中的冒险。就这一次，喜爱孤独和安静的哲学家将加入大雷克斯影剧院兴致勃勃的人群，这些年轻人和他一样，是来观看"冲浪之夜"(*La nuit de la glisse*)的。这一活动既不合他的年龄，也不对他的胃口，为什么他今晚要特地前来呢？因为他写过一本关于莱布尼茨的书，书名叫《褶子》(*Le pli*)，而冲浪恰恰就是沿着褶子在浪中滑行的艺术。哲学本身不就是在解释、探索世界的褶子吗？解释（expliquer）和打开褶皱（déplier）在拉丁文中是一个词：*ex-*

---

[1] Paul Éluard(1895—1952)，法国诗人。——译注

plicare。冲浪和哲学有些关联，因此哲学家吉尔·德勒兹接受了《冲浪期》(*Surf Session*)杂志的邀请，来观看这些最壮观的冲浪电影。在《谈话集》(*Pourparlers*)中，德勒兹展开（所以原来是包着的）他的观点："在体育和习俗方面，对运动的认识有了改化。我们长期习惯于从能量角度来理解运动：有一个支点，或者我们是运动的源头。跑步、掷铁饼……有力，有阻，有个原点，有支杠杆。然而，如今，我们注意到运动越来越少地基于某个插入的杠杆点。所有新兴运动——冲浪、帆板、滑翔翼等——都附着于某种既存的波动。起点不再是某个原点，而是一种入轨。如何让自己乘上运动中的巨浪、搭上上升的气流，'进入'而不是成为力的原点，这是最根本的。"

"进入"，插入，滑入褶子，这意味着不需开始运动，只要继续。要插得好固然很有讲究，但总比从零开始简单一些。这要求我们把全副注意力投向外部，首先倾听先于自身存在的世界，适应已然存在的东西，把自身设想为轻轻潜入其中的这一整体的极小部分。我们还需感受节奏，这样才能进入舞蹈，而不是带入自己的节拍。一切轻轻松松，无需支点无需杠杆：无需制造运动，它已经在那了，只要找到合适的姿势，乘波而行就成。

但有一个基本事实：波可以是空气也可以是水，却不可能是陆地。人无法在地震里或在泥石流上冲浪。不过，此类"新兴运动"还包括滑板运动，那真可以说是水泥上的冲浪，它不靠任何波动，却依然是滑行，插入到城市风景中。滑板手见缝插针，在本来无法滑行的地方滑行：楼梯、坡道、长凳……把所有的障碍同时变为支点和假想的波浪。滑板似乎属于基于能量的旧式运动，但滑板手却表现得像冲浪手。他们把波浪想象带入了城市，用浩瀚的想象力使水泥动了起来。我们面对的是加斯东·巴什拉所谓的"动态想象"的一个极其特殊的案例,仿佛海洋隐喻的力量、对波涛的梦想能够穿透水泥城市,激活水泥,使它们从内部动起来,变软,形成一种波动。

单板滑雪和滑板有所不同,但差异也不大:山地被当成海洋,下坡和下坡带来的加速把起伏的山地变成了波浪。高山速降滑雪遵循的已是这种滑行的理念,因而与基于使力的越野滑雪分属两种逻辑。帆船也是一样:帆船寻找合适的风,它并不创造风,而是插入已经在刮的风。无论是在水面上、空气中还是雪地上,滑行都是要利用那并非自己创造的波动。但它们并不比其他体育运动更轻松。一小时的冲浪大部分时间都在划水、从浪峰跌落,但冲浪手会更快地振奋起来,因为直接与自然元素接触。水和空气,当它们以自己最危险的形态——波涛和风——出现时,能够把我们载运。这不再是个人以自身创造的能量互相对抗的体育运动,而是一种感性的想象经验,一种最原初的愉悦。在此,审美重于运动成绩,冲浪手首先关心的是"乘好浪",在浪中滑出一条优美的曲线。至于以冲二十多米高的大浪为目标的"巨浪"冲浪手,他们捕捉巨浪的过程更像是猎手追猎或探险家寻宝,而不是某种竞速。具有传奇色彩的冲浪者莱尔德·汉密尔顿[1]坦承:"当大海平静没有波浪的时候,我觉得自己像没有恶龙作对手的骑士。"驯服海中的怪物,这固然也是体育运动,但更是一个神话般的梦想。

---

[1] Laird Hamilton(1964—),美国冲浪运动员、健身教练,被誉为有史以来最伟大的巨浪冲浪手。——译注

融入某一运动之中,借力已经形成的波动,这并不是滑行运动特有的逻辑。马术也是这样,因为马的能量先于骑士而存在。牛仔竞技(rodeo)中,牛仔们真正是在动物的波涛上冲浪。柏格森曾对朋友说,学骑马有两种方式。第一种是长官式的,试图支配马匹,使其臣服,为此不惜恫吓、抽打,甚至把它们弄伤。另一种方法则相反,我们试着灵活地跟随马匹的运动,与它们"交友"。服从动物,以便有一天能够指挥它们,而不是相反。马术同样是一种滑行项目,我们在马匹的运动中冲浪——唯一不同在于我们最后能够引导动物的浪涛,但永远无法引导海浪。

归根结底,德勒兹提出的基于使力的旧式体育项目和基于滑行的新兴项目之间的对立并不像我们想的那样尖锐。就像骑马有两种方法一样,我们看待行动与世界之关系的方式也有两种:一种是纯粹机械、全靠使力的"长官"方式,另一种则是"舞蹈家"方式。回想一下齐达内的例子:他的"神助状态"的基础首先是他能插入、进入对手的运动之中,巧妙地避免和他们接触,就像在他们的运动中冲浪。他之所以给人留下舞蹈的印象,是因为他灵活、轻巧、富有节奏感,轻轻松松就达到了自己的目的。齐达内本人在谈到头球攻门的技巧时曾说,像萨莫拉诺[1]这样擅长头球的球员首先对时机有着极为敏锐的感知。他们总是能在最好的时机起跳,总是处在球运动的轨迹上。这不是身高的问题,光个子高是不够的。必须要能把握时机。就像舞蹈家那样。可见,即便在"旧式体育项目"中,真正优秀的选手也是按照滑行运动而非接触性运动的方式来实践的。在这个意义上,齐达内是个冲浪

---

[1] Ivan Zamorano(1967—),智利前锋,曾效力国际米兰和皇家马德里。——译注

好手，他能驾驭球的波涛，并像感受水和海浪那样感受比赛。在平常人看来，足球场只是一个二维的平面。而在伟大的球员看来，它是一片海洋，是一个有生命的三维表面。

时间也是波动。网球选手对此深有体会，因为他们事先完全无法知道一场比赛会持续多久。安德烈·阿加西[1]曾说，比赛到一定时刻，肉体上会感到两股相反的力，那是两股力量，一股通往胜利，一股通往失败。选手就位于这两股力量的交汇处，在两者之间的转移有时就取决于一分的争夺。它们就像大海中的洋流。选手必须要知道如何驾驭：不能勉强，不能着急，不要想催快时间。行动也包含着等待，甚至在行动过程中等待。必须像车手过弯一样对待时间，紧贴弯道的曲线和坡度，不要急躁，也不要试图对抗。在网球中，时间就是选手的波浪。

归根结底，一切都可归结为姿态、想象和用词。要么是"不顾"，要么是"在……里""在……上"或者"带着"。要么使力、对抗、斗争，要么放松、接受、顺其自然。这就如同学一门外语，因为学外语也有两种方法。第一种是"教科书式"的方法，它离不开语法课、词汇表、测验和笔记。一般说来，这种方法的效果并不会太好：经过一年这样的学习，你很可能还无法和母语者流利交谈。这不啻坐在沙滩学冲浪，或是待在水边学游泳。第二种方法则是"沉浸式"的：你到那个国度生活几个月，一开始完全听不懂人们在说什么，但随着每天从早到晚沉浸在外语的环境中，你通过观察和模仿渐渐熟悉语言，最后说得很好。轻轻松松。英语中有一个词叫"fluency"（流利），流利意味把语言看作

---

1 Andre Agassi（1970—），著名美国男子网球运动员，男子网坛第一位金满贯得主。——译注

水流，让它从你身上流过，在说话前你不用去想怎么说每个词。语言就是水流，它是你必须要冲的浪，你要把自己交付给它。要学会一门语言，就必须去讲，就仿佛已经学会了它一样。舞蹈也是一样：学习舞蹈光站着看是不够的，你必须亲自去跳。不是说不用上舞蹈课或语言课，但只有做出动作之后你才能去纠正它，只有开口之后才能改进自己的用词。使我们学会外语和舞蹈的，不是学校的学习任务，而是我们自己的欲望。

因此，某种"假装"恰恰是成功的条件。要学会一门语言，我们一开始就得假装自己已经会这门语言。柏格森在建议我们享受"策马的优雅"的时候，也是同样的意思，他认为我们应当装作自己已经知道如何骑马，柔和地融入到马匹的运动中，而不是和马匹对抗。这意味着相信自己的身体，让身体自己学习，套用德勒兹的说法，我们应当进入一个"生成－马"，而不是恐惧地抓着自己的"存在－人"不放。

动物有很多地方值得我们学习，尤其重要的一点是它们能够自如地融入大自然。我们只需看看用来描述舒适的那些比喻："像鸟儿一样自如""如鱼得水"……这些不仅仅是比喻，更是我们学习的榜样。鸟儿首先是翅膀，那是它们在风中的帆。鱼在水中飞翔，它们的鳍既是翅膀又是桨，也能滑翔或者加速，时而用力，时而滑行。可以说，鱼是三维的冲浪者。海豚可以在水面和水中冲浪，它简直是四维的冲浪好手。各个滑行体育项目中的器材都借鉴了动物的形态与属性。模仿是通例：轻盈、坚韧的用材，软硬适中的脚蹼，机翼的肋条，流线型的滑雪板及"上蜡"处理以改善滑行性能……最重要的是，"新兴运动"爱好者的姿势完全照搬了他们的动物榜样。

即便是那抑制呼吸反射的自由潜水运动，也可以理解为自然地融入一种友好的自然环境，而不是恶劣环境中的反自然举动。雅克·马约尔颇觉有趣地对在他身上贴满电极、对他进行 X 光透视，试图通过各种化验弄清他为何能不带装备下潜到一百米以下、承受 10 倍大气压的科学家笑着解释说："对我来说，下潜一点都不复杂，我和水在恋爱！用数学语言怎么描述恋爱？"[1] 下潜的过程是不可言喻的，或者说是不可测量的。但可以感觉它、想象它。雅克·马约尔并不以人类的视角来看待潜水，他也从不把自己视作运动员，相反他认为自己是海豚，更确切地说，他自视为"海豚人"(*homo delphinus*)，一个向"生成－海豚"甚至"再生成－海豚"发展的人，因为他认为自己在海洋深处的探险是对我们被压抑的海洋起源的回归。毕竟，我们的每个细胞不是都沐浴在盐水中吗？克劳德·贝尔纳[2]不也把活细胞描述成人体内的微型海洋吗？可以确定的是，马约尔把自由潜水视作穿插到大海之中的过程，而不是与大海对抗的过程，这是一种恋爱，而非冲突。就像那些以把自己融入马匹运动的方式学习骑马的人，马约尔以一只名叫"小丑"的雌性海豚为师学会了潜水。当时他在洛杉矶海洋馆工作，负责照顾"小丑"，他说自己对"小丑"可谓"一见钟情"："就好像小丑是个美女！尤其是我有了一种非常特别的一见如故的感觉，那是恋人们都很熟悉的感觉。而且我可以发誓它对我也有同感！"水中自如放松的状态，优雅而高效的动

---

[1] 帕特里斯·范埃尔塞勒 (Patrice Van Eersel)，《第五个梦》(*Le cinquième rêve*, Grasset, 1996)。
[2] Claude Bernard (1813—1878)，法国生理学家。他是定义"内环境"的第一人，也是实验医学奠基人。——译注

作,这些都是马约尔从"小丑"那里学到的,还有且尤其是对大自然、对水的爱,甚至说到底,爱这种情感本身。"在我内心深处,一片宁静,宁静深处则是爱。这是海豚教会我的,多亏了它们,我才能突破自己的所有纪录。"

在自由潜水领域,马约尔主要的竞争对手——也是伙伴——当属意大利人恩佐·马约尔卡[1]和美国人罗伯特·克罗夫特[2],两人都多次创造过世界纪录。马约尔卡和克罗夫特给人感觉更钟情第一种方法,他们有意识地进行刻苦而系统的训练,利用新技术来提高肺活量、抑制呼吸反射。克罗夫特采用的是"肺部填充法"(lung packing)或曰"空气填充法"(air packing),也就是当肺部的空气量达到最大值的时候,继续鼓起腮帮吸气,把更多空气压进肺里。马约尔卡采用的则是"过度呼吸法",通过加快吸气频率,降低血液中的二氧化碳含量,从而推迟取决于二氧化碳水平的呼吸反射的到来。他还在腰里绑上沉重的铅块,练习一口气缓步上下三层楼。他说:"那比潜水还要难,因为在水下你不得不屏住呼吸,而在上下楼梯时,你总是不自觉地要张口呼吸。真是艰难的考验。但必须坚持,这正是锻炼意志的方式。"

我无意把克罗夫特和马约尔卡丑化成蛮力的代表,搞得好像只有马约尔才懂技巧、懂得四两拨千斤。但确实,在陆地上训练,艰难地爬楼梯,想方设法让自己不呼吸,与在巨型水池里和自己的"情人"一起嬉水相比,感觉完全不同。就像是基于意志

---

[1] Enzo Maiorca(1931—2016),第一个突破50米大关的自由潜水运动员。1960年代多次创造自由潜水深度纪录。——译注
[2] Robert Croft,被誉为美国自由潜水之父,第一个潜至200英尺(61米)的自由潜水运动员。——译注

的负面世界与基于欲望的正面世界的碰撞:一方拼命抵抗呼吸的诱惑,另一方则享受着游戏的喜悦;一方说的是"必须坚持",另一方则说"宁静深处则是爱"。这种没有对象的爱与其说是情感的状态,不如说是幸福存在(bien-être)的状态。这更接近一种凝思的幸福(bonheur méditant),而非破坏性的激情。这是与自己、与世界深入的和解,利于松弛,利于忘我、忘却思想。这是一种超越个体和时间的经验,正是这种经验,把呼吸的必要性降到了第二位。马约尔说:"首先要避免的错误是与正在流逝的一分一秒对抗。有对抗就有冲突,身体和心理就会紧张。这会导致与期待相反的结果,无法沉浸到事物之流中,也无法完全放松地让这股洪流带着你到达目的地。这听上去有些吊诡,为了屏住呼吸,你恰恰不应该有屏住呼吸的念头。你要不经思考地这么做。你必须成为行动本身,就像动物一样。"马约尔与水不是对抗的关系,他在水中穿行,任凭事物之流把他带走;他也不抗拒呼吸的欲望,而只是忘了去想。他不满足于停止思考,他把自己当成海豚。他卸下了思想,但他的想象力仍然在运作。他并不是在无意识的宇宙间随波逐流,而是在梦想的幸福中畅游——就像波涛中的海豚。

七
停止思考

> 生活无法解释，只能体验。
>
> ——弗朗索瓦·鲁斯唐

1983年10月19日，14时24分。10月的阳光为厄尔巴岛镀上了一层金色，天气让人觉得好像还在夏天。"海盗"号上一片寂静。大海很美，此处离帕雷迪沙滩大约一海里。六分钟后，雅克·马约尔会放下50公斤的铁砧，随着它潜入海洋深处。倒计时开始了。马约尔坐在船沿的平台上，双腿浸在水中，在他身边，水下安全员纷纷入水——这些潜水员将在不同深度各就各位，全程监护他的下潜过程，万一出现紧急状况也好救援。此时他在想什么？可能在想他的朋友、日本僧人安坂义纯（Yoshizumi Azaka）吧，他们两人于1970年在伊豆的一座寺庙里相识。在教导马约尔禅修的时候，义纯总是一遍遍地说"No thinking！No thinking！"，意思是"不要思考！不要思考！"，同时用木杖敲打马约尔的肩膀——这是禅宗大师著名的"棒喝"，用于驱赶学员心中的杂念，并使其注意力集中在当下。又或者他在想他的好伙伴"小丑"——洛杉矶海洋馆里教他潜水的雌性海豚，马约尔一直认为自己是"小丑"的学生。在和"小丑"玩耍的时候，每当马约尔有不好的念头，"小丑"就游开远离他，好像在告诉他要心无杂念，清空头脑。海豚和僧人在此取得了一致："No Thinking！""不要思考！"就好像思考是某种会自己出现、纯粹机械性的行动，仿佛它是某种摁下按钮或摆摆手就能轻易改正的习惯或毛病似的。不要思考，说得倒简单。又或者马约尔此刻回想起卡巴鲁（Cabarrou）医生，这位法国医生曾告诫说，如果无装备下潜到超过50米的深度，潜水者定会因水压挤爆胸腔而亡。但马约尔的潜水深度已经超过了50米。恩佐·马约尔卡甚至潜到了60米。马约尔想起自己第一次试图打破马约尔卡下潜纪录时的情形。那是在巴哈马群岛的弗里波特。马约尔潜水时会闭着眼睛，所以他请一位救援潜水员在他到达50米深度时拍拍他的背，好提醒他注意。但恰恰是这个提醒，使他从入定状态中脱离出来。他睁开双眼，看到10米之下绑在绳索上的旗子，那是马约尔卡创造的纪录的深度，于是他停了下来。没法再保持耳压平衡。突然回到现实、涌起的杂念打断了他的状态。他只能上浮。虽然马约尔后来还是完成了挑战，潜到了60米以下，但这次事件令他终生难忘。在这个深度，对于自由潜水者而言，最大的危险就是思想。他的竞争对手马约尔卡此后又将纪录提高到了62米，随后是克罗夫特的64米，继而66米。正是在这个时期，马约尔决定到伊豆的这座寺庙待几个月，采用一种不同于力量或呼吸训练的方法来为创造新潜水纪录做准备。停止思考，加上瑜伽呼吸法，帮助马约尔在1970年9月11日下潜到76米。但这是自由潜水运动最后的辉煌了，因为同年12月，国际水中运动联合会（CMAS）出于安全上的考虑，正式取消了自由潜水作为体育项目的资格。送走了体育，迎来了实验。马约尔此刻是否想起罗杰·勒斯居尔（Roger Lescure）医生？这位医生认为继续这种研究是犯罪，他认为在水下 80 米，自由潜水者只能保持几秒的清醒状态。在倒计时就要结束的那几秒，马约尔究竟在想什么？我们无从知晓。两点半到了。马约尔举起手，他安好鼻夹，抓住吊在面前的铁砧，不急不忙地做了个正常的吸气动作，然后消失在蔚蓝的海水中。这年他已经五十六岁了。止降盘在下方 105 米处迎候。如果准备充分，他是不会去想这事的。

有时，仅仅不去想即将面对的考验还不够。每次登台演出之前，埃莱娜·格里莫总会感到怯场，她把这种感觉称为"肾上腺素现象"。她会心跳过快，血液从肢体末端回流，大口喘气。然而她其实什么都没想，精神高度集中的同时脑中一片空白。她觉得胃部痉挛，两腿发软。孩提时代，格里莫每次演奏都带着愉悦，从来也不怯场。如今这是怎么了？这种转变是从她录制第一张唱片时开始的。那是个疯狂的举动，因为她的老师们都认为，要录制的那首曲子对当时的她而言太难了。那是任性之举，白日做梦。到了马上要进棚录音的时候，格里莫的身体背叛了她，她生平第一次体验到了"肾上腺素现象"，那后来成了她的痼疾。从此，她的身体会不由自主地思考，就像播放一张划坏的唱片，唱针周而复始地滑进坏道——那股在她身上深深刻入、无法擦除的恐惧。如何阻止身体思考呢？意志没用，思想也无效。格里莫的办法是呼吸，她把注意力集中到呼吸上，深深呼气，让肺部排空，然后用腹部深深吸气。于是血液重新流向四肢，她也得以重新凝聚精神。她用想象替代思考，在头脑中投射影像。她让注意力固定在一成不变的三样事物上，第一个，第二个，最后三个一起，就好像老虎机上连续转出三个樱桃图案排成一列。格里莫解释道:"这个技巧让我进入节奏,直至出现启示。做法是把注意力集中在那些影像上,同时完美地控制住呼吸。把大脑调到阿尔法波的状态就是进入某种入定(transe),进入理想节奏,就像佛教徒靠念诵真言(mantra)达到的状态。目标在于借助这种方法,使大脑不再产生杂念。另一个我尤其喜欢的方法是:想象一个自己喜欢的或者想去的地方,例如一座高楼的天台,可以将四周风景尽收眼底。然后看到一段楼梯,下了楼梯是个房间;那房间有门,推门进去,在里面发现某物或某人。我们一般会在房间里发现自己爱的人或已逝的亲人,那实际上就是我们内心的声音。"[1]

换言之,格里莫进行的是一种自我催眠。心理治疗师弗朗索瓦·鲁斯唐证实了这种方法的有效性。把注意力集中到呼吸上是回归身体,抑制胡思乱想的最佳办法。不适总是来自某种阻断活力的僵化。而良好的呼吸,深而慢的呼吸,可以重新激发活力。鲁斯唐使用三种方式来彻底悬置思想。第一种:把视线集中到某个物件的局部,例如铅笔尖、杯子把手,或垫子上的某个图案。这么做的目的是把你的关注对象与背景区别开来,并让整个背景变得模糊。第二种:想象自己到了喜欢的地方,例如乡村、城市或大山里,具体地点不重要,关键是能唤起你美好的感受。第三种:使用反话。这也是最令人困惑的方法。"建议的操作显得很奇怪,因为描述出来很荒谬,例如:'选一条你不认识的路,去一个你不知道的地方,做你不能做的事。'这样的话听上去毫无意义,让人感觉要冒很大风险,但一旦被听进去、被付诸实践,

---

[1] 埃莱娜·格里莫,《野变奏》。

一个可以让存在（existence）焕发新生的自由愉悦的空间就能被打开。"[1]在使用这样的语言时，我们无法产生准确的心理图像，而这恰恰是该方法的目的：重建关于可能的感觉——不是通过明确的目标或图景，而是通过制造模糊与混乱。这或许是该方法最惊人也最有价值的创意：那些想重新找回行动可能性、突破自我的人，不应事先树立清晰的目标，而应进入一种模糊不定的蒙眬状态，以使行动得以形成。这就如同黑夜孕育着光明，乌云酝酿着闪电一样。

不仅仅是控制怯场。事实上可以把在行动时停止思考变成一个习惯。过分的思考会污染甚至威胁我们的存在。格里莫讲述了她与小提琴大师吉东·克雷默[2]在洛肯豪斯音乐节上的相遇如何改变了她的生活、改变了她与钢琴的关系。从小到大，格里莫一直在靠直觉弹琴，让不言自明的感受引领着自己，但后来她忽然开始分析自己的演奏，解剖作品，探索手法上的各种可能性，以发现真正属于自己的声音。正由于把一切都视作可能，格里莫反倒与现实隔绝了："我向自己提出了如此多的问题，以致我既无法把注意力从乐谱上移开，也没有足够的自由度放手去弹。有些时候，我感到自己理解了，我短暂地看到了作品可以且将是什么样，我知道那就是了。但在这些短暂光明、绝少启示的间隙，我依然在黑暗里。我在空虚中挣扎，试图解决难点，有时连续数周都找不到答案。"格里莫病了，得了"钢琴瘫痪症"。"除了看乐谱，我不做任何练习。我通过无休止地阅读书籍和笔记来打发时

---

[1] 弗朗索瓦·鲁斯唐，《第一，不要对着干：身体的在场》(*Jamais contre, d'abord : La présence d'un corps*, Odile Jacob, 2015)。
[2] Gidon Kremer（1947—），拉脱维亚小提琴家及指挥家。——译注

间。我消极地抵抗着,不愿走出公寓半步。我发呆、反刍、绝望,脑子里全是各种小说人物、乱七八糟的相识。我深陷在无力感,甚至更糟,无用感中。我的痛苦是一种行动,而越是耽于这种痛苦,我就越是不可自拔。我胸中挖开了一个巨大的黑洞。它不再与无限的空间和宇宙交流,也不与音乐作品令人晕眩的构造交流,而是像船身的破洞,在和海底污浊的浑水交流,大口吞入黑暗。我体验着某种失去自我的感觉。丢弃了一切,也放弃了自己。1989年,我第三次参加拉罗克当泰龙音乐节的时候,就处于一蹶不振的状态。当时真的觉得自己走不出来了,我感到一股原始而不可压抑的冲动,想要从世界上消失,那是我生命中第一次也是最后一次产生这个念头。"

钻牛角尖阻碍着行动,过分诠释阻止了经验,对世界的运动丧失了好奇心,格里莫不再轻盈。她对人生的这场严重危机有着清醒的诊断。执着于分析自己的演奏,她出离了生活,出离了演奏。瑞士人打招呼时会说:"还能玩?"[1] 玩不下去,那就诸事不顺。

因为理智,格里莫失去了本能。如何摆脱这种困境?弗朗索瓦·鲁斯唐指出,更多的分析显然无法治愈过度分析。靠更多的思考来逃避过多的思考是行不通的。我们首先要停止钻牛角尖,"那些内疚、懊悔和憎恨的牛角尖。接着,要彻底堵上寻觅我们那些不适的动机和理由的道路。为此,或者说为了不再思考,为了成功地不再思考,我们反倒应当长时间地思考,以让思维疲惫不堪而最终放弃。"让思维疲惫,就和驯服烈马时让它们疲惫一

---

[1] 此处为字面直译。原文"Ça joue?"有"近来如何?""还好吗?"的意思。——译注

个道理。消耗思维,从内知道这些思考没有任何作用,最后达到能够行动的状态。

当心,"我想弄明白"是个陷阱。在题为"感官的错觉"的一章中,鲁斯唐写道:"症状本身即是一种隔离,生命流中的一种障碍,一种停滞及特殊化。把注意力集中其上,极有可能强化症状。"解决的方法不是让自己纠结在问题里,面面俱到地研究,结果深陷其中,而是随它去,该做什么做什么,把它看作运动整体中的一个细节,而不是那种被理解的欲望所固化了的焦点。"在催眠治疗中,一切都在那里。我们任由本能,以及同时混合了思想、表象、情感、感知和感觉的浪涛涌现,这营造出一种混乱状态,其中既没有指南针也没有舵。症状于是被淹没、被冲走,失去了依附,被迫接受或忍受生活形态或生命流的各个面向。"催眠时的"入定"(transe)本身就是一种居间状态(trans)。行动点同时也是过渡点。

也就是说,与传统精神分析理论认为的相反,要改善自己的状态,我们恰恰不应该关注自身,不应把目光停留在自己身上。在其于一战方酣时(1914—1916)所作的《战时笔记》中,哲学家路德维希·维特根斯坦[1]写道:"当感觉到自己被困在问题中,必须停止进一步思考,否则就无法摆脱它。你不如开始思考一下怎么坐才舒服的问题。关键是不要坚持!困难的问题必定会在我们眼前自己解决。"但不去思考的话,怎么解决问题呢?而且这些说法出自维特根斯坦这位如此关注科学和逻辑的哲学家之口,

---

[1] Ludwig Wittgenstein(1889—1951),奥地利哲学家,后入英国籍,被认为是 20 世纪最有影响力的哲学家之一。——译注

更是令人惊讶。一个定理怎么能自己证明自己呢？难道不应该在问题上集中更多注意力吗？如果注意力是可以"集中"的，那是否意味着它是某种努力？老师命令我们"集中注意力！"，他们仿佛坚信，只要下工夫就能弄懂。但维特根斯坦的主张相反：不要坚持，也不要纠结，停止思考，让问题自己解决。他还写明："在我们眼前"。不要坚持不等于就要闭上眼。而是保持某种形式的注意力，不带压力的纯粹的目视。这一目视的秘诀就是舒适："开始思考一下怎么坐才舒服的问题"。舒适是第一位的，其次才是思考，后者作为前者的结果。想让生活更美好的人，都应该从舒适地坐在椅子上开始。然后，就像在电影里一样，如果不强行干预的话，问题就会自己解决。只有当我们不再试图直接解决问题时，才有可能摆脱问题。维特根斯坦在《论文化与价值》(*Remarques mêlées*) 中写道："解决生活中遇到的问题，就意味着采取一种能使问题消失的生活方式。"鲁斯唐对此补充道："人的难题，从来不是通过回答'为什么'而解决的。"

菲利普·珀蒂四十五分钟内在世贸中心双塔之间走了四个来回，他最后走下钢索不是因为疲惫，而是由于警察直升机的盘旋骚扰令他不安。他马上就被逮捕了，被带向警局时，一名美国记者问他的第一个问题就是"为什么？"。对此珀蒂回答道："不为什么。"如果有理由的话，就不会有人走钢丝了。"在钢索上的每次思考都有可能让你失足坠落。"[1]因此，不要思考。说得轻松。如何思考不思考呢？让头脑空白，比起只是说，更要去做。"那静止的瞬间——如果钢索允许的话——是无比幸运的时刻。如果

---

[1] 菲利普·珀蒂，《走钢丝理论》。

这种奇迹状态能不受任何思绪的打扰,它就会永久持续下去。"不过,"思考的风要比平衡的风更加猛烈"。思考就是我们的敌人。思考不需要有特定的内容。它本身处于不平衡的状态,是一股风,不断出现、反复袭来。思考就是出离当下,看着自己行动,离开行动点,向过去或未来投射。而站到钢索上,任何投射都会导致坠落。蒙田说,把哲学家关在吊在巴黎圣母院钟楼上的笼子里,即便他知道自己不会掉下来,但看到如此高度,他也免不了担惊害怕、动弹不得。又或者"在这两座钟楼间架一道木梁,粗细足够我们在上面漫步:没有任何足够坚定的哲学智慧能让我们敢于在上头行走,当它是摆在地面这般。有些人甚至连想一想都怕"。帕斯卡不指名地引用蒙田,也承认想象对理性的这一控制:"世上最伟大的哲人站到足够宽的木板上,如果下面是一道深渊,任凭理智如何向他担保安全,他的想象仍会占上风。很多人会因为这些思想而面无血色、浑身是汗。"菲利普·珀蒂是如何做到不屈服于恐惧、不屈服于本身即是深渊的对恐惧的想法呢?很简单,他不做对抗。这一想法,他一不承担二不抗拒。他任由这一想法漂浮,就像其他事情。思考意味着束缚。思考总是一种加码(redoublement),这里的前缀"re"意味着某种坚持,原地踏步的意识,向自身翻折的意识:思考,那必然是……使力。坚持会加剧问题,有时更会制造问题。在行动之前,应当解开束缚。不要思考,什么也不要做。

但怎么做到什么也不做呢?不去记的话,又怎么记得不思考呢?这是一个恶性循环。如果我对你说"不要想青蛙",你此时除了青蛙,还会想别的吗?但幸运的是,这种矛盾只是表面上的或语言上的。它会在实践中消解。不思考的诀窍不在于诉诸思维,而在于诉诸身体。没有思考,就是单纯的行动,特别简单:找到舒服的姿态,顺畅地呼吸。鲁斯唐说:"不行动指的是不去做特定的事,不停留在任何思考、情绪和感受中。'不行动'便成了'顺其自然'。而顺其自然则等同于一种无限的接收状态。当我们准备好应对一切,当我们不再有偏好,不再有意愿,也没有任何计划时,我们所能触及和接收的也就只有行动的力量了。我们是行动的源头,因为我们被发动起来,并准备好应对各种可能性。顺其自然的个人总要随面临的各种状况而变,这既是行动的起始,也是行动的高潮。"

这种行动观最难以让人接受的地方在于它认为行动并不是思维的产物,既不源于计划,也不来自决定,行动者看起来更像是旁观者而非介入者。不过,回想萨冈所说的"幸运时刻"、诺阿的"罕见时刻",以及格里莫的"附身状态",我们可以清楚地看到,当"见效了""运转起来了"的时候,当我们处于行动点时,那仿佛都是自动见效、自动运转、自动出现的,仿佛我们与之全不相干。由此想到一个好点子就是找回这种淡然地关注的身体状态,也就是那种不带计划的接收状态,以发现其中形成的东西,不仅见证计划(那仍然是面向未来的思考)的出现,而且见证行动(就是当下践行"计划"的第一步,那不算"计划"的"计划",因为它已经被实施了)。这似乎与行动的紧急性背道而驰,在那些行动中,我们并不总是有充分的时间,一切都要应急从权;不过,一旦认识并界定这种状态,我们就能自动找回它,就像齐达内提及他在 2006 年世界杯决赛中射出的勺子点球时说的那样。决策与执行同时发生。他在知道怎么做的同时已经在那么做了。那是一个正确的决定,因为它不是思考出来的,而是接收到的。

就像苏格拉底一样,齐达内遵循的是他内心的声音,也就是他的"精灵"。找对了波长,那就只需连线。就像收听广播电台,只要调准频率就行。

轻松的第一种模式是动物模式。本能无需思考也能成功,相反,理智往往显得笨拙,因为它具有间接性,需要意识的参与。当需要思考才能行动时,我们已经失去了直接性的优势。本能不提任何问题:它就是它所做的,不多不少。理智则思考着行动,它犹豫不决,总是面临失败的风险。本能是一种愚昧,或者说是幸运的无知,它可以不假思索地成功。对理智的人而言,最大的困难就在于如何在不失去理智的情况下保留那种愚昧状态,也就是如何培养出第二天性,使理智变为直觉。这种第二天性是运动员的目标,也是演员的努力方向。杰拉尔·德帕迪约说:"我演丹东时,第一天拍的就是断头台,被砍了头。我没了脑袋,再也无法思考,接下来做就是了。"[1]这是该片导演安杰依·瓦伊达[2]的神来之笔,他信任德帕迪约的本能,允许他不用理智的方式去演。德帕迪约特别欣赏这种做法,甚至将其视作一种生活原则:"舍弃所有理念,我们就将获得一切。当我们感受到某种活着的快乐,例如,当觉得自己幸福时,或更糟,开始思考自己为什么觉得幸福或者为什么不觉得不幸,那我们就已经不完全处在这种活着的快乐里了。我们错过了最重要的。活着的快乐必须在当下去感受,就是这样。"这种无反思的直接经验很可能会被认为是粗野甚至是兽性,但德帕迪约对此毫不在乎:"我不做什么让人

---

[1] 杰拉尔·德帕迪约,《大腕》(*Monstre*, Cherche-Midi, 2017)。
[2] Andrzej Wajda(1926—2016),波兰电影导演、波兰电影学派重要代表。——译注

感觉体贴或客气的事。我活着，就这么单纯，没有任何算计。"绝不使力，只有生命流，什么也不想。停止思考使人得以完全进入当下。对于一个演员来说，困难在于如何在其他演员、电影技术人员或剧场观众在场的情况下进入这种平静的淡然状态。"一个人在台上，当着所有观众，一言不发，这总是非常恐怖。很简单，演员会努力去'存在'。所以舞台剧演员往往开口太早、太用力。雷吉[1]教会我如何慢下来，在期待中表演，感受那种寂静，直到不得不说出台词的那个时刻。归根结底，关键不在于说台词，而在于学会不说台词。"停止思考既是疗法，同时也是对耐性的考验。停止向未来投射的德帕迪约赢得了质感、在场，慢得优雅，如猛兽般从容，构成其表演艺术的精华。虽然是被导演克劳德·雷吉领进了这扇门，但德帕迪约并不认为那是一种教学："学校里是什么都学不到的，得靠身体学，通过观看、呼吸和感受来学。"那与其说是知识或训练，倒不如说与注意力和感知有关。德帕迪约在此主张某种无知、非知识，或者说直接的行动："知道不多的时候，我往往觉得更自在。我没法解释，它们就这样来临了，没有障碍，没有算计。结果好的坏的都有。就像把葡萄扔到桶里发酵。然后有一天就成了葡萄酒。或者没成。要么成功要么失败。有好年成也有坏年成。酿酒有许多人为的方法。我按传统来。问我原因的话那就是我信任自然。自然总是对的，只要不受干扰。该怎样就怎样。"这或许令人惊讶，一个本职是诠释经典文本、玩弄语言的演员，对意义的问题竟如此毫不在意。

---

[1] Claude Régy（1923—2019），法国话剧导演，对当代舞台表演技巧和戏剧美学的革新做出了重要贡献。——译注

诠释，总是诠释自己对台词的理解吧？那总要先通过深入分析理解作品背后的意义，然后再如人们所说，去演绎台词吧？德帕迪约解释了为什么实际情况正相反："当我用外语表演时，我不在乎是否理解了自己这个角色的台词。对我来说，断句比文字更重要。我更像乐手而非演员。读《大鼻子情圣》的剧本时，在感受文字之前我早早便感受到了音乐。阿伦·雷奈[1]导演的《我要回家》(*I Want to Go home*)用英文拍，我说的台词我一个字都不懂，只是在诠释当下场景而已。一切都还顺利，直到有一天，雷奈帮我翻译了对话中的一些短语，并向我解释了台词含义。于是那种状态就结束了，我没法表演了，不是太过就是不足，被要说的台词弄得动弹不得。那一场我们反复拍了几十遍才拍好。"不理解自己说的话，对德帕迪约而言，不仅不是障碍，反倒为表演创造了可能性。表演时，他要求不能被他要说的和要做的干扰。毕竟，我们不会要求小提琴理解自己被用来演奏的乐曲。演员就如同被用来演奏音乐的乐器。他能够感到美，但条件是并不知道为什么美、美是怎么来的。吊诡的是，正是与台词内容的这种距离，能够促成最为恰当的诠释，并使演员与内容形成共鸣："我读圣奥古斯丁的作品时，比起往往艰深的文字，观众需要感受那种振颤，它们能触及灵魂。在语词之外，观众会进入一种自我祈祷的状态。对我而言，那就如同给孩子讲述睡前故事，我们的声音把他们带入自己的世界，想象得以起效。"对念台词或舞台表演有效的方法，在生活，尤其是恋爱中也同样有效："一旦试图掌控局面，那就马上完蛋，瞬间变老，火焰熄灭。"德帕迪

---

[1] Alain Resnais（1922—2014），法国电影大师，"新浪潮"代表人物之一。——译注

约不是靠意志和努力来表演的演员，他靠的是欲望和自然。通过他的言行，德帕迪约这位有思想的演员——更确切地说行动的思想者——主张一种不求甚解的态度，这态度看似愚钝，实际反映出一种高级的直觉。它拒绝分析的智慧，赞成生活的灵性。"当然，我们可以去试试精神分析，我知道，我自己花了三十年时间才领悟到那一切都只是又一种虚荣。沉溺在懊悔、疚歉和抱怨中时，我们内心变得饱和，无法从生活中接纳任何东西。"简直就像是鲁斯唐说的话，他同意这种观点，因为他这样说："不可理解恰恰是生活的一个重要特征；什么都及不上它的复杂性。真正的思想是接受沦陷于生活、永远无法回归自身的思想。因此，乍看之下的愚钝之举实为行动的智慧。思想在行动的寂静中归于岑寂之时正是其达成之时。"

正是出于这个理由，鲁斯唐认为催眠要优于传统的分析。催眠使我们能够回归自我，或者更确切地说，催眠把自我放回世界，放回它原本的位子，放到整个背景中。催眠提供了自忘的经验，忘却深陷难题之中的自我，摒弃生活的重担，使其回归最简单的本质，亦即活着的状态。活着，意味着不带个人色彩，仅仅是生活，仅此而已。不是普遍意义上的生活，而是我的生活，是贯穿着我的生活。"我"成了一个更大的整体中的一个细节。希腊人把这个整体称为"cosmos"（宇宙），那是一个所有存在都各安其位的世界。"能让自己回归到单纯活着的状态的人就已经痊愈了。因为他把自身重置于自己的身体中，调整与自己身体的关联，他按照周遭情况乃至整个环境重置自己。这便足够。"无需盯着某个目标，甚至不用把治愈当作目标。如果我有问题，它便自己解决。如果我是问题，那么这个问题会和我一起消解到一个更大的整体，也就是生活之中。"我们不知道发生了什么，但如果我们平静下来，很多事情自会发生。"[1]

忘却目标才能达成目标。或者更确切地说：只有放弃目标，目标才会迎向我们。"亚洲文化认为这是不言自明的。例如，在日本弓道家看来，箭在离弦之前就已经在靶心了，两者间谈不上有距离，若非如此，那闭着眼射箭并射中目标就是不可能的事。"这就要求"摒弃所有的意向性，抛开寻求并指挥行动的自我，总之，回归运动的普遍性，也即完美的动作，这两者无法区分。"必须知道等待，如同没有任何计划那样，这样才能更好地感知、发现可用的信息。这种等待既不是害怕和犹豫不决，也不是埃莱娜·格里莫的完美主义。它遵从这样一个观念，即：行动的时刻缘自行动本身，而非缘自我们。换言之，如果我把自己调到毫无意愿做任何行动的状态，就好像什么都不想做，如果我完全悬置了自己的惧怕和急躁，那么事物本身的周期就将决定它们的节奏。这是个偏植物性的观点，但人类事务同样分季、讲究周期。如果某个行动尚未成熟，时机未到，那就没有必要仓促做决定。"自我"不应把自己的意志强加给世界，而是要收敛自己，让自身变得更开放，倾听世界的要求。奇怪的是，恰恰只有当放弃一切目标时，行动才会涌现。先要让暗夜降临，然后闪电才会显现。

困扰着人们的那些无法用思考解决的问题，大部分都可以通过行动轻松解决。想理解某件事，最好的办法仍然是行动。真正教会我们系鞋带的是我们的双手。即便思想存在的话，它也存在

---

[1] 弗朗索瓦·鲁斯唐，《第一，不要对着干：身体的在场》。

于行动之内，并因行动而存在。直接镌刻在身体中的知识更容易习得和保存。我们常常以骑自行车为例：身体中的知识就是当我们忘记一切时仍旧还在的东西。更确切地说：是因为被忘记而留存的东西。有一种保存遗忘对象的忘却，那就是习惯。我们可以不假思索地使用它。这种知识一直在那里，寓于我们的双手和身体中：无论是骑自行车、驾驶汽车，还是阅读、说外语，学得扎实的东西永远不会忘。与我们一般认为的恰恰相反，"不行动"正是这样一种学习。

艺术家对这种现象再熟悉不过。毕加索曾写道："我并不寻找，只是找到。"这不是一个高傲天才的显摆，而是一个勤勉卑微的实干家的自白，他承认：艰辛的寻找与最终结果之间几乎没有任何关联。寻找并不能保证找到，这正是艺术工作残酷的规律。就算尝试了一千次，但可能一千次都偏离靶心，甚至全部脱靶。鲁斯唐说："勃拉姆斯有时会一连几天把自己关在房里，等待进入他所谓的催眠状态才开始作曲。在这种状态中，他不再去寻找，而只是让自己去找到。这些创作者之所以能找到，正是因为他们不再寻找，或者那种寻找达到了自认徒劳的程度。不断的尝试和个人努力毫无结果，令他们对找到已不抱希望。有一段时期，毕加索每个早晨都是带着昨天画的是最后一幅画的确定态度醒来的。确定自己再也不想画了，那么到了晚上他才能任由绘画的狂热摆布。"为了找到，首先必须放弃一切希望，真心实意地放弃自身以及一切目标。这样，"如果我们平静下来，很多事情自会发生。"而且轻松得很。

适用于艺术领域的，也适用于生活的各个方面，因为在生活里我们每个人都处于永恒创造的状态。真正的变化不需通过意志和计划。理解自己的最短途径恰恰并不经由自己："我们问题的解答来自外部，来自对我们自身状态的全新领会。为此，要让我们周遭的一切走向我们。"弗朗索瓦·鲁斯唐举了个例子，那是一名来找他做心理咨询的年轻女性，她没法让自己的孩子安静地待着，有事没事总要骚扰他。"我就让她交叉两手的食指和中指，然后等待它们自然分开，期间不要去想这事。这个做法使她完全放松了下来，甚至忘了自己前来咨询的目的。一刻钟二十分钟后，她的手指自然而然地分开了，她流下了眼泪。"一周后，她第二次来心理咨询，她发现不仅与孩子的关系有了改善，而且与周遭所有人的关系也都好了起来。换句话说，思考没什么作用，需要一个动作。鲁斯唐幽默地将其称为"咖啡馆服务员的秘笈"，他们能一边喊着"热饮来啦！"，一边不假思索地托着托盘行进，而用不着盯着托盘里倒满饮料的杯盏。"千万不要去想，就让形式多样的生活引领着我们前进。"

让生活做指挥，相信无序，不惧混乱，这或许是对诞生自那几场伟大的橄榄球赛的"法式灵感"（french flair）的最佳定义。当比赛似乎大势已去的时候，法国国家橄榄球队的队员们突然像被只属于他们的闪电击中了一样，一个个变得神勇无比，挽回败局。例如橄榄球运动史上被称为"世界尽头的达阵"的那次集体神来之笔。1994 年 7 月 3 日那天，法国队远离本土。当时他们在奥克兰迎战东道主新西兰队。在比赛剩下最后三分钟的时候，法国队还以 16 比 20 落后。此时法国队已经没什么可失去的了。站在本方 22 米线之后的是队长、边卫菲利普·圣安德烈，他接过球之后，并不像通常那样选择开大脚把球踢出边线，而是决定径直朝向对手跑去。这一举动出乎所有人意料，他趁机晃过三名防守队员,直到第四名队员才跟上他,他一边防住对方的干扰,一边等待队中的"大个子"、两名边锋贝内泽克和加里法诺的支援,随后把球分给冈萨雷兹,后者也决定做点出格的事。他并未像一个跑锋应做的那样等待两名边锋保护,而是客串起了争球前卫,把球传给了戴洛,后者又把球传给了贝纳齐。贝纳齐同样反常而行,他做了个假动作,突破了两名对手的堵截:"我想那是我有生以来第一次这么做,但当时来不及细想,我觉得自己能过。"[1] 贝纳齐把球传给了恩塔马克,然后是卡巴纳。此时更疯狂的事发生了:卡巴纳猜到了德莱格在自己身后跟进,精确地把球传到德莱格的跑动路线上。这一系列传接配合优美、简洁、流畅,法国队的每一个动作看起来都比对手领先一步,队员们灵感迭出,自信而大胆,每一步都成功了。德莱格随即向左跑动,他甚至暂时利用裁判的站位躲过了一个前来阻截的对方球员,过人,随后他把球传向阿科赛贝里。此时离新西兰队阵线还有15米,德莱格已经举起了双臂。他知道那个传球是完美的,这次进攻只会成功,尽管有三名新西兰队员正在逼近阿科赛贝里,但达阵已在囊中。阿科塞贝里只需把球紧紧抱在胸前,低头猛冲。阵线近在咫尺。但这还没完,阿科塞贝里并不是一个人。他的左方赶来了萨多尼和圣安德烈,后者之前被扑倒,现在不知怎地又出现了。卡巴纳回忆道:"我们已经看不到观众,也听不见场上的声响,我们距离天堂只有一米远,天堂就在那条可笑的白线之后,到那儿之前可能会有越位、擒抱或其他什么东西等着我

---

[1] 雅克·梅涅(Jacques Maigne),《地球尽头,法国队在世界尽头达阵》(*Au bout de la terre, les Français marquent un essai au bout du monde*),《解放报》(*Libération*,1994年12月29日)。

们。"阿科赛贝里只需抱球触地就能创造历史，但他选择了与队友萨多尼配合，最终由后者达阵得分。27秒，长驱直入80米，前后触球队员多达10人。"法式灵感"是什么？就是这个。法国队在最后一刻以一次集体配合逆转取胜。上香槟！

这一奇迹的秘方是什么？甚至连球员自己都不知道。阿科赛贝里说："在场上，你无法分解整个进攻，因为一切都发生在电光石火之间，而你参与其中不过几秒钟。如果没有电视录像，过后连我们自己都记不清当时究竟发生了什么。重新回顾那个场景，你会觉得难以置信，因为整个进攻如此完美，就像在训练时一样，你知道你再也无法复制那一刻。"不过进攻策动者圣安德烈认为这次成功源于一种文化："比赛临近尾声，我们到了世界另一端，对方的阵线遥不可及。然而对我而言，那真是一次典型的法国式达阵，前锋、后卫、斜传、过人、反弹、直觉……全齐了。它体现了法国橄榄球传统与文化，所以我们才能在和一支盎格鲁－撒克逊球队战到80分钟时从无到有地达阵。这样的回忆独一无二！"但即便无法精确再现这次集体即兴式的进攻，我们仍然可以分离出这次成功背后的原则，也就是那"法国式"的竞技精神与风格。

实际上，这已不是法国人第一次在最后一刻不可思议力挽狂澜了。这种现象一定有什么原因。法国橄榄球偶像级人物、1987年世界杯对阵澳大利亚队那场传奇半决赛快结束时靠了一次类似进攻达阵得分的塞尔吉·布兰科（Serge Blanco）给所有人的热情泼下一瓢冷水："'法式灵感'是什么？那是当我们以为一切都完了的时候那种'破罐破摔'的想法。'法式灵感'甚至是一种怯懦的举动……我们能够造就这样一种境况：在其中，我们恰恰由于觉得一切都完了而绝处逢生。但如果那不是自欺欺人的话，我们为什么不从比赛一开始就发挥出第 75 分钟时的状态呢？"

没错。如果"法式灵感"只能来自某种无奈，如果它仅仅是"垂死挣扎"的另一种说法，那它就不是什么可炫耀的东西。但"法式灵感"不仅仅是这些。简言之，盎格鲁－撒克逊人靠理性，法国人靠直觉。法国橄榄球前国手、后担任国家队教练的皮埃尔·维尔普勒[1]就始终坚信这一点，他认为："曾有一个时期，与英国人实用刻板的打法相比，法国人形成了一套更具创造性的打法。'法式灵感'指的是这种不走寻常路的敢闯。它要求一种解读局面时的智慧，这不是每个人都能做到的。"[2] 因此，它绝不仅仅是偶然或绝望的产物，而是一种经过协调的能力，使整支球队能够同时作为一个团结的整体以及一群被允许解读比赛形势并实时适应无序、利用时机的流动个体而行动。无论怎么称呼这种即兴发挥的能力，"灵感"也好"情境智慧"也罢，它的目标都在于使队员在球场上像爵士乐团乐手一样配合无间：每一个队员随时准备策应和协助同伴，从而让音乐不停地演奏下去。勒内·德勒普拉斯[3]被认为是"整体橄榄球"的理论家，而"法式灵感"即出于这一理论，他不仅曾是橄榄球运动员（1950—1960 年代，先是作为运动员后来作为教练），还是数学老师，且尤其是圆号演奏家。他认为橄榄球是一种永不止息的运动，是不同位置间的和

---

1 Pierre Villepreux（1943— ）。——译注
2 米歇尔·布吕内（Michel Brunet），《橄榄球教与学：关于"法式灵感"的另一种观点》（*Rugby, enseignement et apprentissage. Une autre idée du French Flair*, Amphora, 2009）。
3 René Deleplace（1922—2010），被誉为法国橄榄球第一位重要理论家。——译注

谐，是一种可以加工的即兴发挥。是他提出了"法式灵感"的模型。橄榄球运动的悖论在于，即便运动员用直觉打球，他们也必须始终牢记并细致了解规则。即兴发挥虽说是一种适应偶然、为无序的局面带来秩序的能力，但它本身从来不是随意的，它是一系列快到极致的微决策，且时刻观照着比赛的实时进程。在橄榄球比赛中，运动员始终在思考，只不过球速有多快，这些思考和决策的速度就有多快。

归根结底，笛卡儿才是"法式灵感"的真正发明者。为了行动而停止思考并不意味着摒弃理性，而是让理性回到自身的位置。我们提到了催眠、瑜伽、不思考、日本弓道……但在思维和行动之间做出明确区分的，正是笛卡儿这个现代理性主义的发明者。思考时，我们往往有足够的时间。我们可以把自己关在家里一个星期，尽情地沉思、写作，甚至做梦。不赶时间。然而，正如《谈谈方法》第二条准则所说，在生活的紧急状况下，我们往往没有时间思考。我们必须做决定，在大多数情况下我们没有任何把握。人们常常忘记笛卡儿的青年时期是在行伍中度过的。他知道，一个决定成功与否，更多取决于它能否得到贯彻，而不是它的内容。说服他的是以下这段经历。

1621年，笛卡儿约二十五岁。他结束了军旅生涯，过上了他所向往的游历世界的生活。一段漫长的路途之后，他想去位于今天德国北部的东弗里西亚地区游历，为自己和仆人专门雇了一艘船。他雇来的"船夫"觉得这位年轻的法国人看起来家境富裕而且似乎手无缚鸡之力，于是他们打算把笛卡儿打昏，抢走他的财物，再把他沉入水底。这个远道而来的异乡人，没人会注意到他的失踪。他们就当着笛卡儿的面争论这些问题，完全没料到这个年轻人懂得他们的语言。你们觉得我们的大哲学家会怎么做?他会不会像合格的理性主义者那样,用论证去说服这些强盗不要那么做?他会不会和强盗谈赎金的价格,好保住自己的性命?他会不会诉诸强盗的宗教情感,用上帝的惩罚吓住他们?全都没有。在书里只相信论证的力量的他决定来一次力量的展示。这是个不留退路的选择。要么赢,要么输。没有第二次机会。没有时间衡量得失。不成功,便成仁。只要被强盗看出一点儿犹豫,他就性命难保。巴耶写道:"笛卡儿先生瞅准时机,一下子站起身,换了副神情,以强盗们意料不及的豪气拔出剑来,用他们的语言向他们厉声说,如果他们胆敢打自己的坏主意,那就等着立刻被剑穿几个窟窿吧。正是这次经历,使笛卡儿认识到虚张声势的重要性。如果在其他场合,这很可能会被看成是吹牛。但这次虚张声势的确唬住了这些恶棍,他们害怕了,吓懵了,再也不敢想这事,如笛卡儿先生所愿,老老实实把他送到了目的地。"[1] 是的,现代最伟大的哲学家也是个行动者。他首先是一名法兰西骑兵,其次才是思想家。

---

[1] 亚德里安·巴耶(Adrien Baillet),《笛卡儿先生的一生》(*La vie de M.Descartes*, Daniel Horthemels, 1691)。

八
无需瞄准，达成目标

> 我并不寻找，只是找到。
>
> ——毕加索

我上的——或者不如说是售出，因为目的是赚钱——第一堂家教课，对象是一名叫瓦妮萨的毕业班女生。她的哲学成绩只有4分[1]，学年结束就面临毕业考了。我以前从没做过有偿家教，只是那几个月我在等待正式的教职，期间没有实习没有工资，因此才报名去当家教，不过后来渐渐把这档子事忘了。直到有一天，我在电话答录机里发现瓦妮萨的一条留言。我们在她父母的家中碰面。瓦妮萨是个非常热情、略显灰心的姑娘——毕竟哲学只有4分——毕业考显然让她备感压力。我当即决定把自己的秘诀传授给她，这个秘诀让我顺利而冷静地通过了多次考试，就像惊涛骇浪中的海豹一样从容淡定。

"瓦妮萨，你知道有些目标只能通过间接的方法达成吗？例如，倘若你对毕业考想得太多，倘若你脑子里总想着它，那么到了考试那天你就将因为恐惧而什么也做不了。对目标想得太多，

---

[1] 满分为20分。——译注

反倒会增加失败的可能性。不妨拿两个纸团,用第一个纸团瞄准废纸篓,当你准备好时,把它扔出去。注意,慢慢瞄,不要走神,看准了。没投进!好,上个假期你到哪玩了?愉快吗?下次放假你打算去哪里?现在,不要想太多,拿起第二个纸团投向纸篓。你看,这次投进了。如果想要通过毕业考,最好的方式就是不要总想着它。"

"也许吧,"瓦妮萨对我说,"但我仍然需要努力备考。我至少需要瞄准这个目标不是吗?否则的话,我的哲学成绩怎么能进步呢?"

"是的,努力学习当然是必不可少的。但努力的目标不是为了毕业考,而是为了解惑。你知道,笛卡儿和柏拉图没有毕业考要考,他们研究哲学是为了哲学本身,为了他们自己,是个人志趣使然。不是为了成为考试题目。他们的哲学思想本身就令人着迷。喏,就拿蒙田来说吧。我看到你书架上有他的《随笔》。他一直听从自己的兴趣,结果还挺成功。他说:'我们既然随时会弄错,那还不如听凭自己好恶行事。世人做事相反,以为非艰难之事不可谓有益;轻松愉悦实属可疑。'[1]然而'美好的大自然令必需的事物易于获取,难以获取的亦非必需'。饿了你会吃,渴了你会喝。渴望知道,那就到处走走,看看,多接触,或是读一本书。一切都触手可及。快乐是天然、轻松的。而且还使人保持健康。'我的健康是自由与完整的,除了我的习惯与好恶外没有任何规则与律条。'单凭自己的好恶生活未必能自保无恙,但可以大大降低得病的概率。而一旦得病,仍要靠愉悦来走出疾病。蒙

---

[1] 出自《蒙田随笔》第三卷"论经验"。——译注

田指出，要他在生病时禁酒毫无意义，因为他在病中本来就不想喝酒。也不用找医生，他们的建议往好里说多余，糟糕的话还有害：'谁落入医生的管辖，谁总是最先得病，最晚治愈。他们的健康因为那些清规戒律而受损、恶化。'要是求活成了生活的唯一目的，要是在生活里只关注健康、被那些饮食作息制度捆住手脚，那么可以说疾病已经伤及健康的理念，让一切都变了味。在死亡的恐惧中生活那不叫生活。真正的健康是永远不去想这事。蒙田那个时代的医学的确让人鄙视，而当他写下'医生不只满足于治病，还要使健康也变得有病，这样人们一年四季都逃不出他们的掌心'[1]，他所描述的现实依旧是今天我们的现实。生活的愉悦之所以被健康强迫症所取代，食物之所以都成了药物，就是因为病态的健康。真正的健康不单单是摆脱疾病，而是拥有某种前景。以愉悦为前景能摆正健康问题的位置，不再把健康当疾病，而尽可能地treat疾病以健康。因此我建议你忘掉毕业考，把注意力集中到哲学上。如果你真的对哲学感兴趣，如果你感到乐在其中，那你通过毕业考就太容易了，甚至不用当回事、不用去想，顺便就通过了。我知道这听上去有点自相矛盾，可你不是看到了扔纸团的例子吗？瞄准目标未必就能达到目标。仔细想来，效果甚至是相反的。瞄准目标的时候，我们也同时在担心自己有可能失败。否则就不会死劲地瞄了。所以瞄准就隐含着失败，就是已经开始失败。练习瞄准不会让你取得进步。对了，我把阿兰的这本书借给你吧，书名是《密涅瓦或智慧》，这本书对我很重要，看完记得还我。书中有一章题为'注意力的艺术'，里面写道：

---

[1] 蒙田对当时医生的批判出自《蒙田随笔》第二卷第三十七章。——译注

读很多书,记很多笔记,翻查大量资料……这些都不足以带来真正的理解。四面出击并不是思考的好方法:'这就如同为了打中一次而乱打一气;但成功的一击永远是第一击;千万不要抱着试试看的心理。'正如《星球大战》中指导天行者卢克的尤达大师所言:'不要试。做或者不做,但不要试。'"

"我可以在答卷里引用《星球大战》里的台词?"瓦妮萨惊奇地问,估计她该觉得我这个家教老师滥竽充数了。

"不要,别这么做,别去试。你倒是可以引用阿兰的话。但关键是别忘了:有些目标只能间接地去达成。你要问出处的话,这句是尼采说的。不过最重要的是实践。如果你能理解哲学的目的是运用而不是论述,你就得救了——你就将从厌倦、畏惧和读不懂书的沮丧中被拯救出来。理念是我们的工具,它帮助我们更好地认识实在。你理解地越多,你就越是乐在其中。那是一种不会消退的快乐,一旦理解了,你就永远不会忘却。间接地,你也会顺带取得好成绩。这是个诀窍,或者说策略,就像特洛伊木马,但它不是那种害人的诡计,而是跟自己耍的一个用心良苦的把戏,它把我们从失败的恐惧中解放出来。"

"如果我理解的没错,"瓦妮萨说,"你的意思是我越不去想毕业考,通过的机会就越大?我越不去想哲学笔记,我得高分的可能性就越大?这听起来有点荒谬,不是吗?如果完全不瞄准目标,怎么能击中目标呢?就像在投篮时,我们都得瞄准,不是吗?"

"是,又不是。打篮球时,我们在瞄准投篮之前要让双脚处于合适的位置,让它们平行且正对篮筐。投篮时最关键的是双脚、双腿以及身体的位置。要学会正确地持球,控制手肘伸出的程度，伸展整个身体……当然，我不是来给你上篮球课的，我说的这些也是从别人那里听来的，不过我知道职业选手在投篮前首先考虑的是自己的位置。瞄准只是一系列动作中的最后一步。而在日本弓道这样的顶尖武术中，修炼目标是学会如何不瞄准而射中靶心。在射出箭的那一刻，弓道家知道这支箭已经在靶心了。没有意图没有目标。我们很难接受这一观念，最好是诉诸体验。我这么对你说有点抽象，但其实再具体不过了。你有时会不会有这样一种短暂的感觉，就是自己说的和做的恰到好处，一切顺风顺水？比如你来到一个人满为患的地方，而就在这时，你面前空出一个位子。就好像是有意安排的一样。"

"是的，我当然有过这样的感觉，但那是偶然的。我能达成目标的原因不是因为我不去想它，而是因为我在适当的时刻处于适当的地方。走运而已。"

"没错。但这已经是某种适应能力的证据。有机会并不等于就能把握机会。你还需要关注周遭的世界。跃上一个合适的浪头，登上一列不早不晚的火车，这即是因为没有想着目标而达到目标的例子。"

"我不太明白你说的。"

"击剑运动中有两类剑手：方法型剑手和判断型剑手。前者设定目标，而后想方设法达到目的。后者并不设定目标，而是径直击中目标。前者依靠技术，后者则依靠直觉。这两种途径截然不同。你可以一开始先有意图，而后思考如何达成目标，最后再采取行动。你也可以让意图和行动同时进行，于是你可以在不事先思考的情况下成功行动。显而易见，第二种途径更有胜机，因为它省去了思考的时间，始终先人一步。从第一种途径入门的剑手往往随着剑术的进步，渐渐采取第二种途径，变得更加依靠直觉。这和学习语言很像：最初，你在说话之前必须思考每个词的用法，于是就会结结巴巴，因为你正忙着思考怎么说。随着说话次数的增加，你的会话也变得更加自然，于是渐渐地，你说话前就无需费心思考了。你不再去想用词，只要想着你要说什么就行了。正因为不再去瞄准目标，你才以间接的方式达成了目标。语词自行出现了。某些目标只有在不刻意的情况下才能达成。比如自然。倘若某个人想显得自然，他恰恰就无法显得自然。他恰恰由于自己对目标的意识而失败了。这也是羞怯的恋人总是显得笨拙的原因：他们如此迫切地想显得自然，以致变得更加可笑。他们对目标想得太多，无法行动。"

"就像面临毕业考的我。"

"正是。我们可以称其为'西拉诺综合征'。西拉诺·德·贝尔热拉克是爱德蒙·罗斯当[1]同名剧作的主角，有一场西拉诺因为有人嘲笑他的鼻子而拔出剑来向对方说：'诗写完了剑就到了！'他精妙的剑术使其能够一边设定目标——因为他预告将要刺中对方，一边随机应变，寻找达成目标的方式——要出其不意才能成功。难度更大的是，西拉诺还即兴作了一首诗，并且一边作诗，一边过招。仿佛这场打斗与他无关似的。这正是他能够获胜的原因。他让人感觉并不求胜，结果反倒得了胜。这种对目标的淡然态度是武术的根本诀窍。瞄准意味着考虑到了失败，结果反倒真有可能失败，这有点像在高处由于害怕坠落而产生的眩晕

---

[1] Edmond Rostand（1868—1918），法国作家、剧作家。下文"同名剧作"即中国观众熟知的《大鼻子情圣》。——译注

恰恰有可能让你掉下去。花太长时间瞄准的人在一击之前就泄了劲。西拉诺不瞄准，他一击即中。没有试探，直接成功。这种轻松来自何处？他的本领固然重要，但更关键的是他的态度。西拉诺对成功采取了高傲而漠然的态度，毫不畏惧，似乎超越了一切。'我们战斗不是为了取胜！不是！徒劳的战斗远远更为壮丽！'他的潇洒往往被错误地当成失败者（loser）的标记。这些华丽的失败者，这些钟情于漂亮动作、宁愿优雅地输也不愿卑鄙地赢的法国人。但西拉诺不是这种人。因为他的风度，恰恰因为对于成功的淡然态度，他百战百胜。他曾在一个晚上连续击败一百名对手。因为只有他能置生死于度外。西拉诺的真正矛盾之处，也就是他的'综合征'，在于他尽管谈吐非凡、剑术高超，却恰恰因为他的大鼻子而有一种病态的害羞，在爱情方面甚是无能，无法向美丽动人的罗克珊表白。除了这件至关重要的事情之外，其他事情对他来说都轻而易举。因此，与其说困难来自行动本身，不如说来自行动对你而言的重要程度。西拉诺之所以能在那些淡然处之或者毫不畏惧的事情——战斗、作诗——上成功，是因为他并不多想。而一旦他对目标过分关注，一旦想得太多，他就可能失败。当目标对我们过于重要时，我们往往会错失它。西拉诺的故事告诉我们：为了达成目标，你不能让自己过分关注它。"

"好的，"瓦妮萨说，"但我们如何训练自己不过分关注呢？请说得具体点。"

"具体点的话，再拿一个纸团。如前所述，西拉诺害怕被罗克珊拒绝。他虽然无惧死亡的危险，但在心爱的女人面前却很难淡定。如果他不爱罗克珊，他倒肯定能拥有她。我们可以将此称为'瓦尔蒙综合征','西拉诺综合征'的反面。在小说《危险关系》(*Les liaisons dangereuses*)中,浪荡的瓦尔蒙子爵之所以能引诱无数的女性,正是因为他不爱其中任何一个。他能成功引诱的前提,恰恰是他对引诱对象的漠然态度。瓦尔蒙从未爱过,因此他从来不会失措,他永远不会显得笨拙,也不会失恋:他总能掌控局面,因为他没有失败的风险。爱对他而言之所以轻而易举,恰恰是因为他从未真正爱过。这给了他一种疏离、自信而确定的感觉,使其难以抗拒。就如同弓道大师,他只在箭已中靶的那一瞬放箭。瓦尔蒙,这个冷酷的丘比特,这个带着'杀手本能'的'法国情人'毫无忌惮,没有什么可以阻止他。他幸福吗?问题不在这里。就像幸运的渔夫或猎人,他总能收获满满。他用爱征服别人,却始终不知爱为何物。更确切地说:正因为不知道什么是爱,他才能用爱征服。直到有一天……瓦尔蒙遇到了美丽、纯洁而善良的都尔维尔夫人。与瓦尔蒙完全相反:她的灵魂纯洁而坚贞,没有任何图谋与隐瞒。瓦尔蒙之所以对她一见钟情,正是因为她无意引诱。她天真自然,不可抗拒,因为那不是装出来的。瓦尔蒙再也无法全身而退。当然,他达到了自己的目的,令她爱上了自己,但玫瑰是有刺的:因为在这过程中,他自己也将爱上她。这既是瓦尔蒙的拯救,也是他的末日。既无法承受真挚的情感,也无法真正抛弃自己漠然的引诱者的舒适身份,瓦尔蒙完全可以说是死于对爱的畏惧。过于关注目标,他落得了与西拉诺同样的结果。现在,把你的纸团投到纸篓里,不要多想,也别瞄准。"

"糟,没投进,我又瞄准了。"

"难怪你投歪了。不过没关系。你已经理解了要点。在那些只能以间接方式达成的目标中,爱情就像《卡门》那首歌里唱的那样。爱情这个'流浪儿'不守任何规矩。我们或许可以试图变得可爱,但从原则上说,一个人是否被爱并不取决于自己。在爱情中,唯一能达成幸福的方式,就是不期望回报地去爱。我们固然有期望的权利,但如果能在单方面的爱中得到幸福,或者无论怎样都幸福,那就更好。爱情是存在之幸福的结果,是额外之喜,是蛋糕上的糖霜。埃米尔·阿雅尔[1]在小说《大乖乖》(*Gros-Câlin*)中写道:'我当然知道存在相互的爱,但我不作奢望。有一个人去爱,才是第一必要的。'"

"这就像巴拉瓦纳[2]那首歌里唱的:爱比被爱更强大。"

"特别是这样更安全,因为我永远无法确保对方会同样爱我。你居然知道巴拉瓦纳?我还以为你会觉得他的歌太老了呢。别期待对方的回报,别把它视作理所当然。只有在自由的前提之下,这种相互性才是可能的。没有什么比那种不惜一切代价要让自己显得可爱的人更没吸引力了。这里的悖论仍然在于:为了被爱,我们恰恰不能寻求被爱。"

"那我们应该怎么做呢?"

"无需做什么。我们应当满足现状。只要能结出果实,果树就是幸福的,果实被谁吃掉无关紧要。送人礼物不是为了领受谢意,而是为了自己开心。与其想方设法取悦他人,不如保持自我。自由与极度淡然仍然是最好的策略,因为它至少能确保忠实于自己的幸福。爱,不仅仅有对某个人的爱,因而始终有相互性

---

1 Émile Ajar,法国小说家罗曼·加里(Romain Gary,1914—1980)的笔名,他以此笔名创作的《如此人生》令他第二次获得龚古尔文学奖。《大乖乖》是他出版于 1974 年的作品。——译注
2 Daniel Balavoine(1952—1986),法国流行歌手,唱作人。——译注

的问题,还有对物、对某个活动的爱。可以是对步行、跑步、游泳、阅读、烹饪、观看等活动的爱,也可以是对绘画、音乐和大自然的爱。奇怪的是,当我们全心全意、忘我地投入某个活动时,我们才是最可爱的。没有什么比一个激情投入自身行动的人更诱人了。你看到其中的悖论了吧:全心全意地、忘我地投入行动,对自己从事的活动充满激情,这恰恰让我们变得可爱。正是在忘我的时刻,正是在全身心投入自己所爱的行动之中、感觉自己不是任何人的时候,我们才在最大程度上成为自身。"

"同样是当我们不去瞄准所期待的目标的时候……"

"正是。在爱情中,这表现得更加突出,因为当我们瞄准'目标'的时候,我们的行为一定会发生改变。过分关注目标,目标会有所察觉。"

"不过,如果对目标不够关注,也不太好吧。"

"萨特曾对爱情做过深刻的分析,在他看来,爱情体现了一种根本的矛盾:当我爱时,我希望对方是自由的,我希望对方自由地爱我,但与此同时,我也希望对方只爱我,我希望对方的自由仅限于爱我。"

"这是一个恶性循环。"

"我们无法摆脱这个循环。恋爱者在爱情中总是起很大作用的,他用自己的想象滋养爱情。司汤达把爱的结晶过程描述为'能在一切表象中发现被爱对象新的完美特质的那种精神活动'。换言之,爱意味着发明出被爱者的品质,并且相信这些品质真的属于被爱者。爱是一种创造。"

"你想说它是一种幻想?"

"是,又不是。这样说吧,在爱情中,'事情'的发生自然而然，两方都是如此。没什么能'做'的。只需'是'。无需设定目标：要设定目标，那就已经失败了。也就是说，如果还没有命中靶心，那试也白试。"

"所以爱神丘比特才拿着弓箭！"

"有见地，正中靶心！唯意志论完全不适用于爱情。情感无法强迫，因此我们无需做得太多。一切早已注定。友情也是一样。我们为什么会成为朋友？蒙田在谈到好友拉博埃西[1]时回答说：'因为是他，因为是我。相遇前我们就在彼此寻找……我想那是某种天意。'勒内·夏尔[2]则说：'我们的友情是松落的皮层。它并不落自我们心灵的壮举。'在爱情和友情中，我们无需刻意做什么。无需壮举，也不是某种成就。要么行得通，要么行不通，就像电流一样。当然，我说的是一开始的时候。而后它就像电网，总得做些维护。"

"我懂。但那也没用。"瓦妮萨说，"懂是懂，但我没法解释。懂的时候感觉很容易，但要写下来就难了。"

"所有人都是如此。你就像给人写信一样写就行。没人说你不能像写信一样答卷——而且实际上就是这回事，因为会有人来阅卷。毕业考的阅卷老师要读几百张卷子，如果其中一份看起来真像在对他说话，那就会给他留下深刻印象，并引发他的注意和兴趣。你不妨在心中想象一位读者，可以是真人，也可以是虚构的，然后写信向他解释某些事物，再想象他的反驳并回应，从而构造出一篇真正的对话。就算笛卡儿，在他写给瑞典伊丽莎白公

---

[1] La Boétie(1530—1563)，法国作家。——译注
[2] René Char(1907—1988)，法国诗人，二战时期抵抗运动成员。下引诗句出自《花园中的同伴们》一诗。——译注

主的那些热情而敏感的书信里,他也变得更好读更好懂了。哲学,当它是那些虚无缥缈的理念时很难理解,而当它是写给某人的时候就变得清楚易懂了。柏拉图《对话》中的苏格拉底成天在回应对手的诘问。正反两方在证人面前辩论,显然要比阐述抽象的论据有意思得多。柏拉图的《高尔吉亚篇》俨然是重量级拳手间的战斗:辩论的一方是智者学派的代表人物高尔吉亚,另一方则是哲学家苏格拉底。你在写作时,可以想象自己在与人进行对话,比如和你的哥哥,或者和我。当你不再去想该用哪些字词,而是直接向对话者阐述的时候,你的表达就会变得自然。有些目标只能……"

"以间接的方式达成。"

"正是。"

"但我不知道怎么写。"

"你小时候在玩游戏时一定扮演过警察、小偷、医生、超级英雄或歌星之类的角色吧?在游戏里,所有人都在假装。但只要装得足够像,你就可以过关。高水平的运动员也是如此,真正做一些新动作之前,他们会在脑中反复想象,以把它们融进头脑和身体。这种方法就是假装达到了目标,以真正达到目标。你上过驾驶课吗?如果你假装会,那么你就会拥有必要的信心去真正地驾驶。第一次做某件事的时候,一个聪明的做法就是表现得好像已经知道怎么做了。不要想个没完,必须行动,有时带着些许盲目的自信。你还记得吧:做或者不做,但不要试。一切都在于态度。挺起胸膛,摆出自豪的姿态。假装自豪,模仿自豪,你最终会真的感到自豪。想让灵魂改变,就得从身体开始。这正是笛卡儿在《论灵魂的激情》里告诉我们的。你无法直接对抗正占据着你的那种激情,例如悲伤。你不可能通过意志摆脱它。'你该幸福才是!你没有悲伤的权利。'没什么比这种劝慰更糟了。如果连悲伤的权利都没有,那岂不让人更加悲伤?这是一种恶性循环。笛卡儿建议采取另一种方法:回想自己曾经感到的某种欢乐,并模仿那种欢乐,也就是说,让身体重新回到那个情境或姿势中去。比如上次感到快乐的时候,我轻轻吹着口哨,是某一首歌曲的旋律,我挺直腰背、步履轻捷、呼吸匀畅。好,那么现在与其郁闷地瘫在沙发上,不如站起身来,快速行走,调匀呼吸,然后用口哨吹出喜欢的旋律。借由身体而非意志。一旦我让身体重新回到欢乐的状态,我的灵魂就会真正感觉到我所模仿的欢乐。那些无法经由意志达成的东西,却能通过身体轻松地达成。再举一个例子,我能看出你害怕在毕业考中失利,害怕得不得了……"

"我才不怕。"

"只是举个例子。好,如果你想要摆脱恐惧,那么仅仅'想要'是不够的!意志和思想无法直接对抗恐惧。因此,尽管我跟你说了这么多,你仍然害怕得不得了。"

"才不是!"

"肯定是,意志在这个时候是无力的。我们无法单纯地用决定来改变自己的情绪。这时就需要耍些花招,战术迂回,从身体而非头脑入手。想象一下,有一天当你的孩子们面临毕业考,你会对他们说什么?你会说自己因为害怕而没去参加考试吗?"

"别胡说,我会参加考试的!"

"你当然会去考试,而且你会顺利通过。知道为什么吗?因为你已经不再害怕了。现在你发怒了。了解这种策略了吗?你无法想着恐惧而让恐惧消失，你只能通过愤怒或羞愧等情感把恐惧赶走。用激情对抗激情。也就是说，改变激情的不是思考，而是另一种激情。如果你能让处于恐惧中的人感到愤怒，他们的恐惧就会立刻消失。你得学着自己这么做。伟大的网球选手约翰·麦肯罗[1]会在必要的时刻让自己愤怒：比如当他对自己产生怀疑，或者比赛有失利的可能时。对他而言，愤怒就如同练瑜伽时的冥想或不思考，是一种转移注意力的方式。愤怒既能使他摆脱那些烦心的情绪，同时显然又能打乱对手的阵脚，但最关键的是，愤怒令他心无旁骛，能够把注意力集中到比赛上。悖论的是，越是愤怒的时候，麦肯罗反倒越冷静。除了愤怒，羞耻也能带给我们勇气。爱则是更有效的克服恐惧的手段。这也是雅尼克·诺阿担任法国队领队时所使用的方法。他给队员带去足够的关爱，帮助他们战胜对于失败或胜利的恐惧。因为爱而所做的一切，当你是在为自己而做时效果更好。'你不孤单，即便你输了我们仍然爱你'要比'你是一个人，你只有赢，我们才会爱你'有效得多。只想着赢并不能让你赢得更轻松。再说一次，有些目标只能以间接的方式达成。关于恐惧的话题，我最后再教你一个诀窍，以防万一。恐惧完全源于想象。因此只要让某些其他东西占据思维，吸引注意力，就能够避免去想令自己害怕的东西。需要找一件足够有挑战的事情，以便把注意力集中在上面，但这事情又不能太难，必须是你会的事情，也可以是看一部精彩的剧集。必须是精彩的，否则你又会去想其他事。倘若找不到任何事情做，你也可

---

[1] John McEnroe(1959—)，著名美国男子网球运动员，1981—1984年连续四年世界排名第一，以在场上脾气火爆著称，绰号"坏小子"。——译注

以关注自己的呼吸,这总是很有效。注意按照想象中的节拍器来调节,保持缓慢的深呼吸,这会使你冷静、有节制。不要与恐惧正面相抗,而是间接地让它消失。"

"我懂了,就是不去瞄准它。"

"感觉好些了吗?"

"嗯,我不害怕了。"

"还感到愤怒吗?"

"有一点儿。不过主要是觉得自己没用。"

"不要这么想。否则该轮到我急了。你怎么知道自己不行呢?"

"呃……4分,这很能说明问题,不是吗?那是白纸黑字写在卷子上的分数。老师给我布置了额外的功课,她并没有这样说,但我有种受罚的感觉。我要就'劳动带来自由吗?'这个主题写篇四页的作文。"

"这让我想起了一些事。把卷子给我看看……'功课做得不够,等等、等等,缺乏自律,等等、等等,还需在表达上下工夫。'好多红笔写的批注,却没有多少称赞的话。看起来更像是成绩单上的评语,而不是对作文的批改(correction)。或者是一种管教(correction),'管教所'(maisons de correction)那个意义上的。好在如今已经没有'管教所'了。至少换了名头。我读初三时有位非常优秀的法语老师,他也教拉丁文和希腊文,所以每周一共有十堂课和他在一起。有一天我问他为什么不写书。你猜他怎么回答的?他说:'当你知道怎么做一件事,你就去做。当你不知道怎么做,你就去教。'我很喜欢上他的词源课。你知道 discipline 这个词的来历吗? discipline 有两个含义,长期以来慢慢叠加在了一起。首先,在古典拉丁语里,有一个词指学习(*discere*)的人,后来到了法语就成了 disciple。相应的,discipline 指的就是学习内容,知识的某一分支,学科。几个世纪之后的教会拉丁语里,这个词带上了'管教、惩戒、教规'的含义。discipline 不再是学习的内容,而成了学习、记住这些内容的方式,通过规矩,必要时靠戒尺——或者皮鞭:discipline 到了中世纪被用来指鞭刑所用的皮鞭,甚至可以表示执法的后果,'杀戮''屠杀'。而执法会导致屠杀这个观念本身,就颇能反映那个时代的社会心态。在几个世纪里,古典时代那种对懒人施加惩罚的观念,渐渐变成了基督教中以惩罚为教学规则、教学方式以及唯一教学内容的观念。要不断地吃苦,总能留下些什么,就像人们有时说的:'看你还敢不敢!'上帝在惩罚我们,受苦不是偶然,而是宿命,它是原罪的后果。生存本身就是有罪的,因此我们必须付出代价。惩罚不再是权宜之计,耐心用尽之后不得已而采用的最后手段,相反,它本身就成了目标。你在痛苦中创作,以同样的方式学习。受难的道路是唯一的选择。就仿佛耶稣基督唯一值得模仿的就是他临死前遭受的磨难。学校总是建立在这一定见之上,因为惩罚在那里还存在,大部分时候以额外功课的面貌出现。通过作业进行惩罚,这即是承认功课与惩罚的等价性,承认学校本身无非是长期化的惩罚,所幸时不时还有课间休息、寒暑假。如果你做个调查,大多数人会对你说学校生活是一种折磨。追溯词源,éduquer(教育)这个词源于拉丁文 *exducere*,它的字面意思是'向外引导'。connaître(知道)本义'与……一起出生'(co 这个前缀源于拉丁文的 cum,就是'与……一起'的意思):我们由于所学到的东西而成长。apprendre（学习）则意味着从外'拿'（prendre），就像在apréhender（理解；惧怕）里那样（前缀 a 是 ad 的简写，意思是'向、朝向'）。我们在这些词语中看到一种向外的运动。出生可能是痛苦的，但这种痛苦并不是出生的目的，而只是我们从内向外的运动不可避免的后果之一。初生的婴儿之所以哭喊，不是因为堕入肉身来到人间感到恐惧，而是因为他们的肺部刚刚像花朵一样张开，他们的眼睛从黑暗中一下子接触光线，他们习惯了羊水环境的皮肤一下子接触到空气，这些都使婴儿觉得难受，这是暂时的痛苦，很快会转变为快感、愉悦：存在的愉悦。存在（ex-ister，拉丁文 *ex-stare*）也就是位于自身之外。从内部到外部，离开母腹来到这个世界。眼睛很快能看见东西，皮肤将会有所感知，身体也将能够行动。生长固然会带来痛苦和困难，但这种痛苦并不是生长的目的，而是生长的副产品。在古希腊人，特别是亚里士多德那里，生长的目的在于把潜能变为行动。潜能是寓于每个存在者的可能性，就是每个存在者可能生成的东西。行动就是发展和实施了的潜能。就如同种子长成植物，开花结果：果实是孕育在种子里的潜能，果实是行动的种子。这种从内向外的过程是一种表达：一些东西为了完成自身，从内向外拥挤、推动。这种运动是自然的，成长完全不需受苦。更确切地说，即便存在痛苦，那也只是生长的痛苦，这种痛苦的原因是潜能的增长以及达致真正维度的存在者对自身的施展。它从来不是从外部施加的痛苦。拉扯树叶或树根无法让树木成长。树木自身会把叶子伸向阳光，把根伸向水源。树木费的这些劲，即是其本身所是的劲，对它来说毫不费劲。是它自己要成长，要实现自身。

"不过对人来说，自我实现意味着脱离动物性。儿童的成长既不同于植物，也不同于动物，只会重复遵循物种的规律，保持自身的同一。成长为人类，即是成为某个个别人。要发明自身，必须脱离自然。为了建立起人性，必须努力对抗那些与生俱来的东西，对抗自然，也对抗本能。这就是'教育'一词的真正含义：它的目标是把儿童导离其动物性存在的那种几乎植物般的直接性，通过语言、艺术和科学的学习，赋予他们人类形式。儿童必须好好用功（travailler）。阿兰说：'人在苦难中造就，真正的快乐必须争取而来，他得配得上这种快乐。获取之前必先付出。这是定律。'[1]

"然而，travail（用功，工作）这个词和discipline有着同样的遭遇。根据一种可疑却大行其道的词源学解释，法语travail源于拉丁文 *tripalium*，指的是一种刑具，人们根据字面想象至少因此有三种（前缀tri是'三'的意思）受苦的理由。首先，travail或指施刑者施加的折磨，给受刑人'上刑'（travailler）。站在主体或客体的不同立场，travail意味着根据法律施加或承受痛苦。目的是通过对身体的否定来提升灵魂，促进灵性成长。在travail中，可以看出前缀 *trans*，它有'穿过'的意思，这意味着过程和过渡：travail改变对象，使其从一种形式转变为另一种形式。travail还带有英文travel——'旅行'的含意。比起一种原地进行、没有意义、与刑具密不可分的努力，它不如说是一种经验、运动和发现，代表某种新事物的形成。作为旅行的travail通过转变赋予我们形式，既塑造着世界，也塑造着其中的旅人。如果你能正确领会的话，你会发现'用功'不再是'痛

---

[1] 阿兰，《论教育》(*Propos sur l'éducation*, PUF, 1961)。

苦'和'苦行'的同义词,相反,它是对成就和快乐的承诺。

"几个世纪中,原先基于表达自然的教育观,转变为基于惩罚的教育观。而教育之所以常常被视作一种惩罚,那是因为,不幸的是,许多教师和父母作为过来人仍然延续着这样的观念,并且仍然用它指导实践!然而威胁从来不会产生教益,它充其量只能使我们像奴隶一般顺从,重复着老师灌输的东西——当需要狼的自由的时候,我们却戴着狗的项圈。除非产生奇迹,对惩罚的恐惧不会催生任何思想。教育不是饲养和驯兽。卢梭认为,过早学习礼节,教人从小只要说出正确的话语,就像念咒一样,就能从他人那里得到自己想要的东西,这甚至会影响真正德行的发展。礼节恰恰可能吊诡地培养出小暴君。过早地对儿童进行规训与其说是对孩子好,不如说是为了满足家长的虚荣。惩罚不仅无效,而且有反效果。威胁既不能增进信心,也无法带来勇气,只会导致胆怯和冷漠。那些认为尊敬缘于畏惧的人根本没有真正理解何为尊敬,而是把它与服从混为一谈。恐惧时,我们无法学习,只会瑟瑟发抖。来,把你的卷子给我,让我们玩个魔术。把它揉成一团扔了吧。你有什么可失去的呢?你真的要留下这份卷子吗?反正鉴于上面的成绩,你是不会把它裱在框里的。"

瓦妮萨犹豫了几秒钟,然后开心地把卷子搓成了一团。

"这就对了。现在你知道接下来该怎么做。"

瓦妮萨想了一小会,足以让她不再思考的一小会,便把试卷揉成的大纸团扔向废纸篓,这次她没有瞄准,手里也没抖。随着大纸团直接进篮,她满脸笑容兴奋地大叫"进了!"。这时候传来了她母亲的敲门声。我们聊得兴起,都忘了看时间,原定两小时的家教课,此时已经上了整整三小时。瓦妮萨的母亲有点吃惊,但还是礼貌地向我表示感谢,说希望女儿的好心情表示她已经不畏惧哲学了,但愿今后的成绩也能有所改善。"我也这样想。"我一边说着,一边赶紧站起身来,以免她母亲看到我身后废纸篓中揉成一团的试卷,那个我们可以不瞄准而达成目标、并把失败转化为成功的证据。我不好意思地接过她母亲递给我的信封,把它塞到屁股后面的口袋里。"谢谢,再会。""期待下次再见。"随着这礼貌的咒语,这回轮到我施展魔术了:我离开了他们家。

我对第一堂家教课甚觉满意,走回我朋友萨拉的公寓,在繁华的中央菜市附近,当时我临时在那里借住。我决定用刚刚挣到的家教费请她吃饭。于是我们出了门。夜幕降临,我们沿着我来时所走的傲岭街寻找饭馆,我边走边下意识地把手伸向裤子的后兜,忽然发现口袋空空如也,信封不翼而飞。这有些滑稽,因为这堂课我其实不太想收费,现在丢了,这背后肯定有某种朴素的正义在起作用。我的裤兜犯了个颇有意思的口误,丢了我没想拿的钱。"等等,"萨拉对我说,"我们沿着你走过来的路往回走,沿途找找。""算了吧,那是一小时之前了,应该是找不回来了吧,至少我可以说自己今天给人真正送上了一堂课。而且在课上我还一直强调有些目标恰恰只能通过不瞄准的方式去达成。因此,如果我对学生说的话还有些道理,如果我对找到信封还抱有一丝希望,那么我恰恰不应该去找它。再说你看……"我话还没说完,就看见前方躺着一个东西,就在步行街正中央,上面还带着被无心路人踩过的印迹——就在我决定不去寻找的那个地方,我找到了信封!我不由一阵头皮发麻,弯下腰把信封拾了起来,打开一看,里面的钱还在。"你在逗我吧,"萨拉用难以置信的眼神看着我说,"你早就知道信封掉在那里!否则这是不可能的,你怎么做到的？"显然，我什么也没做，但我忘不了当时的心情，信封在极短的时间里出乎意料地失而复得，那简直是个小小的奇迹，它雄辩地证明了今天成为本书主旨的这条原则的正确性：有些目标只能通过不瞄准的方式达成。第二堂课上，我把这件事告诉了瓦妮萨，她也觉得难以置信。但重要的是，如果这个方法对我行得通，也就意味着对她也行得通。

几个月之后，瓦妮萨在毕业考的哲学科目中取得了 18 分的成绩，比我当年考得都要高。有些目标只能间接地达成。证毕。

九
注意力的秘密法则

> 它们看不见,正因看得太多。
>
> ——阿兰

我在海边写这本书,涛声回环,轻摇着我。甚至不在海边的时候,我落笔时也想着大海。大海是人类最大的秘密,即便当它展现在眼前时,我们也无法真正理解它。不过,你只需注意它的节奏,那是最大的秘密。我们往往把大海当成空间,但大海首先是时间,循环的时间。波谷过一会儿就成了波峰,波峰也会成为波谷,同一个点既是最高点,也是最低点。所有位于高处的,都将来到低谷,因此必须谦卑;而所有位于低处的,也都将上升到高处,因此总有希望。这个说法既是隐喻,同时也是现实。大海存在着,它的沉默向我们言说的是什么?哲学家西蒙娜·韦伊[1]曾写道:"一切可见和可触及的力都受限于看不见的障碍,永远无法跨越。海中,一股波浪不断地上升、上升;但某一点,而且是虚空中的一点,会截住它,使其下降。"[2] 这句话写于1943年

---

[1] Simone Weil(1909—1943),法国犹太人,哲学家、神秘主义者、宗教思想家和社会活动家,对战后的欧洲思潮有很大影响。——译注
[2] 西蒙娜·韦伊,《扎根》(*L'enracinement*, Gallimard, 1949)。

的伦敦，听起来像个承诺：希特勒的势力再大，也有覆灭的一日，这是波浪的法则，也是历史的定律。纳粹主义像波浪一样上升，也像波浪一样下降。一切的发展都不是无止境的，总有终止与平衡。然而大海给予我们的并不只有历史课，还有美妙的感知训练。在《海边访谈录》(*Entretiens au bord de la mer*) 中，西蒙娜·韦伊的老师阿兰把大海比作"偶像的粉碎者"："大海不断告诉我们，形式是虚假的。这一流动的自然拒斥我们的所有观念。"我们发明了观念，试图把它们施加在不定形的世界上。大海不思考，它只是存在，一切都变化不定，不会持久。但大海遵循一种节奏。波浪击碎在岸边，退却后又卷土重来，它的力量来自这一后撤，后撤赋予其冲劲。大海告诉我们：必须学会在努力中放松，就像桨手知道如何在两个桨次之间休息。意欲真正行动的人，必须学会不要一直行动：劳逸必须结合在一起。在《密涅瓦或智慧》中，阿兰指出："一味紧握握得不牢。真正的运动家是那些能在活动（jeu）中休息，只在关键时刻握紧拳头的人。"活动就是我们参与的项目：拳击、击剑、划船、跑步、球类比赛……但尤其是我们身体的活动，肌肉的活动，为了恰当的动作而交替收缩、舒张。把短跑选手的动作放慢了观察，能看到他们放松的面部，他们的脸颊好像在空气中浮动。短跑选手的目标是尽可能完全地放松下来，尤其是在比赛后半段。体现在大海起伏的波涛中的这种劳逸结合的法则，是大自然的第一定律。这个节奏调节着我们的全部生活，请知悉。阿兰说："不睡的人也清醒不了。睡眠不足的人完全是中了自己活力的毒；睡过的人得到了清洗。"休息可以让精神自我"清洗"，让它像海浪那样自我更新。我们不应把休息想象成与白天相对立的夜晚或者与清醒相对立的睡眠:"持续研究最微弱声音的科学家发现了预想不到的结果。非常微弱的连续音在我们耳中是断断续续的;因为注意力就像脉搏一般跳动;它会小睡;先暂停,然后重新振作。"与通常认为的相反,注意力从来就不是连续的。这不是意志力的问题:注意力本来就不能持续。它听命于一种节奏,有高峰也有低谷。注意力就像海浪,我们必须学会在上面冲浪。

在这一章,我汇集了所有有助理解注意力机制的材料。这是一份真正的药谱,这便是我的目的,以备读者你的不时之需。我把本章的题目定为"注意力的秘密法则",因为尽管这些法则组织着我们的所有活动,并且支配着我们生活的各个细节,但它们始终隐藏在幕后。轻松不是虚无的梦想,而是可以达成的,随时可以开始,只需采取正确方法。

笛卡儿的方法:分步走

"方法"(méthode)这个词,从字面上就能看出它的目的为了让生活更轻松。在希腊语中,*odos* 或 *hodos* 的意思是"道路"。即便未必了解具体内容,你也一定听说过笛卡儿发明的方法吧。这种方法旨在指出一条能让你尽可能轻松思考的道路,但正如前文提到过的,它也可以作为行动的指南。它只有四条准则:明见、拆分难题、秩序,以及列举。

1. 明见(évidence)。这个词源于拉丁文 *video*,也就是"看"。明见就是当我们用心灵之眼观看某物,即理解某物时所产生的东西。明见不是起点,而是结果。它是注意力的结果。不妨把注意力想象成手电筒射出的一束细长而强烈的光线。它不可能同时照亮许多对象。理想情况是，每次将注意力集中在一点。因此我们必须：

2. 拆分难题。一次只考虑一件事。不要试图一下子理解所有的东西。不要着急贪多，一步一步来，要有必要的耐心，直到在每个局部上都获得明见。应该把大的难题拆分成尽可能小的碎片。拆分、理解完成，接下来要设定：

3. 次序。思考意味着将拆出的碎片按正确次序排列。这种次序并不是自然的。它来自头脑，是需要发明的逻辑次序，例如数学证明的次序、一本书的次序，或者学习打网球的次序。从简单到复杂，这是为了从最容易的地方开始，一步步渐进至最困难的部分。次序让进步变得轻松。把难题分解成小碎片，再把碎片按新的次序排列完成，这时就要检查有无遗漏，进行：

4. 盘验。也就是清点，逐一检视，纵观全局。无论怎么称呼，宗旨就是确定我们没有落下任何一块重要的碎片。当把注意力放到某一点时，我们就面临见树不见林的危险。因此为了确保考虑周全，我们必须定期地放宽视野。

以上就是笛卡儿方法的四个准则，它们都基于这样一个出发点：我们的注意力是狭隘的，它无法同时迅速地把握大量对象，而且无法持续很长时间。因此，我们首先要懂得休息，要会在两个集中注意力的时刻之间完全放松下来，并且必须了解自己的注意力能够有效地持续多长时间。蒙田是十分钟。集中注意力既不是用力也不是紧张，尤其千万不要钻牛角尖。蒙田认为："我第一眼没能看到的东西，硬撑下去更不可能看到。"不要硬撑，要放松下来，等到重新抖擞精神的时候再试。这个等待可能是几秒，可能是几分钟，也可能是一天。每个人有各自的节奏。

在此，最关键的建议是：不要试图一下子解决所有难题，也不要试图一下子搞懂所有问题。解决（résoudre）即消解（dissoudre），将一开始极具压迫感的整体拆分为尽可能多的碎片。采取这种方法，一旦拆分了难题，并且按从易到难的顺序排列起来，如笛卡儿所说，像走台阶那样"一级一级逐步上升"，无论思考的是什么，"都决不会有什么东西遥远到根本无法触及，或者隐蔽到根本发现不了"。一步一个脚印地解决问题，在论证的过程中不要急于求成，这就如同在走钢丝时不能跑步前进一样：走钢丝者只有在取得平衡后才迈出下一步。如此才能走得尽可能远。

这种拆分难题、集中精力的法则同样可以指导行动。阿兰说："不要想一次完成所有的行动；不要想一跃就翻过一座山；也别去想前面的漫漫长路。"[1] 拿破仑极具笛卡儿精神，他不主张同时向所有方面发动进攻。最好是把全部注意力集中在较窄而确的范围里。在单个局部以最强烈度行动要比分散精力更加有效。拆分难题绝不是分散精力，恰恰相反，它意味着把力量依次地集中在一个接一个点上。拿破仑并不按传统的"并行作战"策略那样同时在整条战线上出击，而是实施每次全力进攻特定地点的机动战。部队不在整个战线上作战，而是集中全力攻击对方的战略要地、衔接部。针灸也是基于同样的方式：与其在整个身体表面均匀发力，不如把针扎在少数特定的穴位。这种方法的前提是知道对方要害在哪里。为此需要简化自己的感知，通观全局，避免迷失在细节之中。拿破仑曾说："欧洲不缺优秀的将领，但

---

[1] 阿兰，《密涅瓦或智慧》。

他们关心的方面太多；而我只进攻关键的地方，那些附属的部分毫无疑问地会自己垮掉。"如果按照合理的步骤向难题发动进攻，它当然会自己垮掉。次序的问题也关系到进攻的组织："战争胜利的关键不在于军队的多寡，而在于组织性和纪律性。"事情本身无所谓简单或困难。简单是因为采用了正确的次序。进攻的次序，以及进攻的位置。

柏拉图与切鸡肉的技艺

柏拉图把辩证法——亦即正确思维的技艺——比作切鸡肉：不要花力气去切骨头，而要在最省力的地方、也就是关节处下刀。正确思考意味着把有差异的东西分离开来，注意并尊重事物的解剖构造。不要用蛮力劈斩，而要寻到关窍，游刃其中。思维的刀锋不会毁坏任何东西，但可以透入观念的间隙。理解一个问题和理解一只鸡是一样的。如果这个隐喻让素食主义者感到不适，也可以把鸡换成水果和蔬菜。剥水果而不伤果肉，这也是一种技艺：剥橙子时先用指甲划开橙子的皮，再探入手指，分开果皮和果肉，不要挤出果汁，剥香蕉时别把果肉捏烂，切桃子时避免切到桃核。虽然这样一来，我们失去了原先隐喻中的软硬对比——蔬菜水果没有骨骼，可以任意切割，但我们也由此获得了另一个层面，因为在蔬果的隐喻中，需要更细腻地感知微妙的抵抗力，并且包含了时间和成熟度的观念。我们可以通过观察果肉和果核是否分离来判断牛油果成熟与否，但那已经太晚了，因为我们已经切开了果皮。在切开之前通过软硬来判断成熟度会更好，就像对桃子或杏子那样。不过牛油果的果皮厚度使得我们无法准确判断果肉的软硬,因此只能看它的果蒂是否成熟掉落,就像对蜜瓜那样。不管怎样,要靠技巧和观察,而不是仓促下刀。手能够触知哪个地方比较硬,还未成熟。必须懂得等待。瓜熟自然蒂落。这即是思维也是行动的原则:寻找关节,对准它全力进攻,这将使你事半功倍。集中注意力意味着在事物的间隙滑行,从最容易的地方入手,而不是盲目出击。

俄耳甫斯综合征,或曰努力的逆法则

为什么希腊神话里俄耳甫斯要回头看他的妻子欧律狄刻呢?那显然恰恰是因为冥界之神阻止他这么做。真正要为他妻子之死负责的不是俄耳甫斯,而是邪恶的冥界之神哈德斯,后者用最简单的手法制造了一个陷阱,往俄耳甫斯头脑中灌输了这个禁止的行动的念头。冥界之神种下错误的种子,设立诱惑。如果俄耳甫斯没有老想着"不能回头看妻子",他就不会那么做。一心想着要对抗诱惑,我们已然在想象中堕入了诱惑。因为努力对抗某个想法,恰恰会强化它。不妨把这种现象称为"俄耳甫斯综合征",或者"努力的逆法则"。

让·吉东[1]在《脑力劳作》(*Le travail intellectuel*)一书中写道:"到了某个时刻,我们施加在外部障碍上的努力会在我们内部产生更严重的障碍,越是想克服,障碍就越大,说话结巴的人就是这种状况。"当我们想忘掉某个不宜的图景时,"集中精力试图让图景从心中消失的做法,恰恰有可能使其变得更加显著。身

---

[1] Jean Guitton(1901—1999),法国天主教哲学家、神学家。——译注

体不知道是与非的区别。如果你说'我不害怕,我不怕四周纷飞的弹片',这只会加剧你心中令你害怕的图景。在紧张时试图抑制自己发抖,反而会加剧颤抖。想通过紧绷自己来抵御诱惑,反倒会使你更快地被诱惑。我们熟悉的库埃[1]用他在我看来带有强烈几何学色彩的话这样说:'当意志力与想象力交战的时候,想象力增长与意志力增长的平方成正比'。这条错误施力的逆法则是精神生活最深刻的法则之一。令我惊讶的是,人们不怎么提到这条法则,课堂上也几乎不提。如果你有极好的指导,也不乏真诚的意志,但却总也学不会简单的技艺(比如几何学、骑马),那大概就是因为你的老师不晓得这种逆法则。如果上马和数学定理让你紧张,那等着你的将是坠马和迷惘。必须在松弛中学习。真正的注意力是一种'不努力的努力'。即避免逆向的努力,否则长时间的紧张可能带来致命的后果。这种不努力的艺术关键在于不让自己的意志激动、太吃力,而是模仿自然之物,让自己放手,用蒙田的话说'照顾意志',只在正确的时候,以正确的方式使用意志,要记得,意志作为一种生命能量,也会疲劳和消散。存在一种出神的思想状态,略闲散,像一个半醒的梦,这种状态最有利于记忆、发明,以及写作。"

西蒙娜·韦伊与注意力的负努力

西蒙娜·韦伊是阿兰(他的真名是埃米尔-奥古斯特·沙

---

[1] Émile Coué(1857—1926),法国药剂师、心理治疗师,以其正向自我暗示疗法而闻名。——译注

尔捷）的学生，而且是他最优秀的学生。阿兰认为她能够真正理解斯宾诺莎，这是相当高的评价，因为阿兰认为能理解斯宾诺莎的只有两人，一个是她，另一个是……歌德。斯宾诺莎认为"美的东西是稀少而困难的"，他区分三类知识。第一类知识只满足于罗列听说得来的无法证实的事（例如我的生日），以及想象力不假思索的判断（月亮离我们只有几百步，今晚它看起来近在咫尺）。第二类知识则通过曲折艰难的理性论证（数学、哲学等）产生真理。第三类与第二类内容相同，但它是靠直觉直接轻松获得的，通过这类知识——斯宾诺莎向我们承诺——我们能够在此生"极尽可能地"体验到永恒。"上帝之爱"的光芒在艰难的理性之路的尽头闪耀，它是对自我、他人和自然的那种毫不费力的直觉理解。如何才能获得这道光芒呢？必须下工夫，通过严格的论证，因为这道光芒是美的，因而是"稀少而困难的"，但我想表达的是，说来奇怪，真理和谬误的斗争并不需要神经紧绷、苛求自己。只需让头脑遵循其思考真理的本性，就足以用间接的方式战胜谬误，如同光明出现，无需斗争就战胜了黑暗。头脑本身的完满在于理解：理解得越多便越快乐。因此在思考的时候，我并不和自己对抗，而是做我自己，是更努力地成为自己已经是的样子。我不做努力，因为我自身就是努力——也就是斯宾诺莎说的 *conatus*（拉丁语 *conari*：努力，趋向）——我无需刻意付出，只是遵循自己的本性。换言之，那些千方百计想要理解的人，恰恰什么都不会明白。事情不是那样的。

　　理解无法强求，它会自己到来。最多需要做些准备。理解的时候不会有任何紧张。那就如一道光线一样。

接下来就轮到西蒙娜·韦伊出场了。在《等待上帝》(*Attente de Dieu*)[1]——这个书名明确指出她的基督教倾向——一书中,她向我们指出一条关于头脑的真理,其在认知与灵性层面上同时成立:集中注意力并不像我们所认为的那样。我打算援引几段原文,因为其精练、准确令人望尘莫及,而且正如西蒙娜·韦伊在末尾指出的,这个真理并不只对信徒才有效。

"要真正集中注意力,必须知道如何做。我们往往把注意力与某种肌肉紧张混为一谈。如果我们对学生说'现在请你们注意',我们会看到学生们纷纷皱紧眉头,屏住呼吸,绷紧肌肉。但若两分钟后再问他们究竟把注意力集中到了哪里,他们无法回答。因为他们没有注意任何东西。他们没有注意。他们无非是绷紧了肌肉而已。在学习中,我们经常耗费这类肌肉的力量。肌肉会疲惫,我们就会产生用功过了的感觉。这其实是一种错觉。疲劳与用功毫不相关。用功是一种有用的努力,未必都会令人疲惫。学习中肌肉使劲毫无建设性,即便我们那么做往往是出于良好的意图。"

"必要时令人咬紧牙关忍受痛苦的意志是手工劳作学徒们的主要武器。但与我们通常认为的相反,它在学习中几乎没有任何用处。智力只能被欲望调动。而为了燃起欲望,必须先要有快乐和愉悦。只有在快乐中,智力才会成长并结出果实。在学习中,学的快乐是不可或缺的,就如同呼吸在跑步时不可或缺。"

"注意力是一种努力,或许是最大的努力,但它是同时一种

---

[1] 中文版书名为《在期待之中》。此处按法语直译。以下所引文字主要出自其中《关于正确运用学校教育培养对上帝的爱的一些思考》。——译注

负努力。就其本身而言，它并不包含疲惫。疲惫的时候，注意力几乎不可能集中，除非是训练有素之人；这时更好的做法是停下来，放松一下，稍后再重新开始，要像吸气和呼气那样张弛有度。

"二十分钟不觉疲惫地高度集中注意力，要比拧着眉头硬撑三小时有价值得多，尽管后者会让你带着一种完成任务的成就感说：'我好好用功了。'"

"集中注意力意味着悬置思想，使其有空闲有余地能让对象渗入[……]。此时的思想，应像一个站立山巅之人，在向前看的同时用余光感知下方的密林与平原，即所有已成形的、个别的思想。最重要的是，思想应当是空闲的，处于等待中，什么都不寻找，但时刻准备迎接对象以其赤裸的真相进入其中。"

"主动寻找是有害的，不仅对于爱，对于模仿爱之法则的智力也是一样。一道几何题的解法，一句拉丁语或希腊语的意思，应等待它们涌现在脑海。对于新的科学真理、一首好诗更需如此。寻找指向错误。对于所有真正的财富都是如此。"

"与志愿的德行对立的是神恩，与智力或艺术劳作对立的是灵感，这两个概念，如果对它们的理解正确，表达的正是等待与欲望的这种功效。"[1]

"[犯错的时候]，总是因为我们想要积极寻找。[……]最宝贵的财富不是来自寻找，而是来自等待。[……]每一项学校练习都有其不事寻找、依靠欲望等待真理的独特方法：把注意力集中

---

1 以上两节出自同书《内心爱上帝的几种形式》里"爱宗教礼仪活动"一章，原文杂糅在此。——译注

在几何题给出的条件上,而不是忙着寻找解法;把注意力集中在拉丁语或希腊语的文本上,而不是忙着弄清意思;在写作时,等待合适的词挤掉较差的词自行出现在笔下。"

"因此没错,尽管有些自相矛盾,一篇拉丁文翻译,一道几何题,即便没做出来,但只要为其付出了那类合适的努力,总有一天能够使人更有能力,在机会降临之时,为某个处于极度无助之中的不幸之人,带去恰好能拯救他的援助。

"对于能够认识这个真理,且胸怀宽广,对这一果实的欲望胜过一切的少年人而言,学习能发挥出全部的灵性效用,甚至不必与任何宗教信仰相关。"

因此,注意力是一种负努力,因为不需投入什么,不消耗能量,不会带来疲劳。你之所以会在集中注意力时感到疲惫,是因为你让自己不必要地紧张了,你错误地用力,而不是顺其自然。注意力是一种纯粹的目视,它与疲劳水火不容。阿兰写道:"战争之前,我常常在遇到一些问题时绞尽脑汁却毫无进展。我总犯一个错误,盯着一个东西,千方百计想看清它。我了解这种渴求知识的注视;它们看不见,正因看得太多。"注意力应当像训练有素的运动员那样轻松和缓,静息是它的首要条件,呼吸是它的榜样。注意力遵循气息或大海的原初节奏。因此,学习本身没有任何价值,笔记也没有任何价值(这是阿兰最优秀的学生告诉我们的),无论是几何还是诗歌,其价值首先在于让我们学会注意。为什么?因为如果真的学会注意,将来我就能注意到他人。我不可能视而不见。而真切地看到,这已经是行善。西蒙娜·韦伊认为,这一普遍的灵性真理不只关系到信徒,也关系到所有人。

和萨特一起在咖啡馆用功

在这个意义上,让-保罗·萨特也是阿兰的学生。萨特极少谈到阿兰,他们也从未碰过面,不过至少在注意力的问题上,萨特与阿兰以及西蒙娜·韦伊持同样的看法,他也认为注意力并不是一种努力。在他那段关于自欺(mauvaise foi)的著名文字中,萨特指出:"那想要表现得全神贯注的学生全神贯注,两眼直直地盯着老师,双耳聚精会神,为了显得全神贯注而精疲力竭,最后什么东西也没听进去。"[1] 把注意力当成一种努力的想法令人精疲力竭。为了取悦老师而表现得全神贯注妨碍真正的理解。在此,我们又一次看到了错误努力的逆法则:越是朝着目标努力,偏离目标反倒越远。

萨特在花神咖啡馆喧嚣的环境中写下了这段文字,表明对于理解和脑力劳动而言,肃静的教室或许不如相对嘈杂的咖啡馆合适。在咖啡馆中,注意力似乎无法集中,注定会被分散。然而,包括萨特在内的不少人习惯于在咖啡馆的喧嚣和噪声中写作,甚至离了咖啡馆就无法写作。安静并不总是有益,那种松散的注意力能够用眼角余光伺机捕捉真理,宛如技艺精湛的渔夫。松散的注意力有时能解决正面进攻难以解决的问题。因此,一些"干扰"事项能够便利工作,因为它会阻止你思考在做的事,你只管去做即可。

咖啡馆也能带来冲劲。沉浸在富有生活气息的地方时,我们

---

1 让-保罗·萨特,《**存在与虚无**》。

往往能避免开始行动的困难,我们醒悟只要继续就行。有些人在工作时喜欢放背景音乐,我就是这样。音乐抓人心魄,在被音乐吸引的同时,我们也获得了音乐的动势。也有不少人热衷于听着音乐跑步,听音乐使我们忘掉疲劳,从而跑得更好、更耐久,也更轻松。注意力从运动中分散出来,被音乐吸引,从而使身体免受思想的阻碍,去做它会做的。

用力刷还是就把锅泡着

还记得本书导言中提到过的把锅烧煳的例子吗?我们知道,清洗烧煳的锅子有两种方法。是否要用力擦拭,这是一个问题。刷锅太费力;更聪明的办法莫过于把锅泡上水,等待一段时间,让水把焦渍溶解。前一种方法诉诸力量,后一个法子则轻松讨巧。第一种省时费力,但不巧的话可能把锅刷坏。第二种更轻松,虽然需要时间,但同时也解放了时间,因为算总账的话,清洗泡过水的锅其实更快更省力。活更少,更好做。推迟行动,让事物自己发展,可以说事半功倍,因为最后的结果在每个方面都会比匆忙行事更好。这绝不是偷懒、避重就轻,这是发挥聪明才智找到的轻松有效的方法。我们选择了耐心。这第二种选择同时也更合理更经济,简言之更优雅。用优雅来形容洗碗似乎有点夸张或者不太合适,但优雅与合理和经济的观念密不可分。无论是流行时尚、科学研究,还是日常生活,最优雅的解决方案总是最为经济的。笛卡儿和可可·香奈尔在这一点上会有共同语言。黑色晚礼服和数学证明一样,追求的都是简洁无华。它们直指目标,不在矫揉造作的无用装饰上纠结。它们的美也正体现于此。

请注意：有时最有效的解决方法是不再等待，直接行动。还是以洗碗为例，要想轻松洗净一个烤过鸭胸肉的烤盘，最好在烤好后立即清洗，免得油脂凝固在盘子上。但怎么才能知道是否要等待，如何分辨拖延究竟是聪明的小窍门还是懒惰的标志呢？不需客观标准。我们从来都心知肚明。

是否夹碎坚果

1966年菲尔茨奖（被誉为数学界的诺贝尔奖）获得者、天才的数学家亚历山大·格罗滕迪克[1]以其独特的直觉和众多的发现而闻名，他也采用这种方法。数学中虽然没有烧煳的锅，但不乏棘手的问题，其中一些更是困扰了许多代数学家几个世纪之久。格罗滕迪克著作等身，其中数千页的手稿尚待研究者整理，他不仅给代数几何带来了革命性的变化，而且为后世众多数学家开辟了全新的研究领域。格罗滕迪克后来彻底远离了数学圈子，单独生活在法国阿列日省的一个小村中，过着冥思的生活。根据学界的看法，格罗滕迪克对于空间问题的贡献不亚于爱因斯坦。他们两人都把空间置于宇宙历史的中心。我并不打算在此详述格罗滕迪克的数学研究，我也没有这个能力，只想谈谈他在面对艰难问题时所采取的解决方法。在专业著作之外，格罗滕迪克还写了一本很厚的自传，题为《收获与播种》(*Récoltes et semailles*)，虽未正式出版，但已全部发布在了网络上。他

---

1 Alexandre Grothendieck（1928—2014），20世纪最伟大的数学家之一，现代代数几何的奠基者。——译注

在书中描写了面对问题时的两种主要方法:"不妨以证明仍是假说的定理为例(某些人似乎认为数学家只干这个)。我觉得有两种截然不同的处理方法。一种是锤子和锥子的方法,这种方法把面前的问题视作一个又硬又光的大核桃,要做的就是打破坚硬的外壳,获得内部营养丰富的果肉。操作非常简单:把锥尖对准外壳,然后拿锤子用力敲击。必要的话,敲击外壳不同位置,直到打破外壳——我们这才满意。当核桃的外壳存在粗糙的边缘或凸起的时候,也就是我们有'下手之处'的时候,这种方法就很诱人。在某些情况下,下手之处非常明显,但有时我们不得不尝试果壳表面的各个位置,仔细评估,最后找到下手敲击的地方。最困难的是当整个果壳是完美的、匀质的坚硬球体的时候,无论如何敲击,锥尖一直打滑,连一道印子都划不出来——此时你就会对任务产生厌倦和无聊的感觉。不过有些时候,靠着肌肉力量和坚持,最终还是能把果壳打破。"格罗滕迪克显然并不喜欢这种费力而笨拙的方法。"我可以依旧以开核桃为例描述第二种方法。马上想到的第一个比喻是:把核桃浸在软化液体,比如净水中,时不时地揉搓,使得液体能更好地渗入内部,然后等待时间完成它的工作。数周或数月过去,坚壳软化,等时机成熟,只需用手一捏就能打开核桃,就像剥开一粒熟透的牛油果!或者可以把核桃放在室外,让它在日晒雨淋甚至严冬的酷寒里自然成熟。时机一到,从果肉里长出的嫩芽就会玩似的破壳而出,或者更确切地说,果壳会自行打开,让里面的芽萌发出来。几周之前,我又想到另一个不一样的比喻,我觉得所要认识的那个未知之物像一片坚硬的土地或灰泥,难以挖开。我们可以用尖锄、撬棍甚至风钻来挖掘,这是第一种方法，也就是'锥子'的方法（无论有没有锤子）。另一种方法则是大海的方法。大海在不知不觉中无声无息地涨起、涌来，似乎什么也没有被冲破或带走，水面看上去还很遥远，只能依稀听到它……然而海水最终会把挖不开的东西包围，它先是变成半岛，然后是岛屿，接着是岛礁，最后完全淹没，就如同被溶解在一望无垠的海洋中……这就是依靠淹没、吸收和溶解的'大海的方法'——如果你没有特别注意的话，整个过程中就好像什么事都没发生：每个时刻的每个事物都如此明确，如此自然，以致我们往往会在记录的时候感到不安，担心没有像其他人那样拿锥子用力凿而有捣鬼的嫌疑……"此处原文有点冗长，但它提出的这一系列比喻是如此融贯，值得完全保留。这里提到的两种方法分别是锤子锥子的方法和大海的方法。第一种方法直接面对难题，试图不惜一切代价击破它；第二种方法诉诸耐心和优雅，主张拓宽视野，让困难自然而然地轻松消解。这不是因为难题的性质发生了改变，而是因为处理难题的方法使我们能够不费力地解决它。缺乏耐心的正面攻击法或许可以行得通，但它本质上是不优雅的，在这位注重审美与直觉的数学家眼中终究落于下乘。

飞奔越过障碍

艺术家们同样有难题要解决。依谱演奏的音乐家尤其如此。诠释音乐作品时，演奏家别无选择，只能把乐谱上的每一个音符依次演奏出来，就像走一条已经规划好的路线。万一卡壳了怎么办？埃莱娜·格里莫讲述了她的感受："我很尊敬作为演奏家的科尔托[1],我钦佩他的原创性和乐感,甚至欣赏他不那么完美的地方——就像花花公子脖子上松开的领带。但是,我一直震惊于音乐学院里使用的那些科尔托编订的教材是如此专制,指法和踏板提示极其随意——简直荒唐。在我看来同样荒谬的是,这些教材建议把乐曲的难点从语境中抽出,专门去练。如果乐段中包含困难的三连音、四连音或是琶音,教材会建议只练习这些困难的部分。就我而言,这简直是在出现问题之前制造问题、在出现困难之前发明困难的最好方式。要克服真正的技术困难,恰恰应该把它们放回科尔托的教材意图使它们脱离的音乐语境。这就如同马术比赛中的马儿固执地想要没有助跑就跃过最难的障碍物,却既没有从赛道的开始部分获得的初速度,也没有对驰骋剩余赛道的憧憬……"[2] 格罗滕迪克用大海来比喻,格里莫用赛马来比喻。在这两种比喻里,思路都在于不要直接聚焦在难题上,不要固执地只想着如何解决它,而是应当放眼更大的整体,把难题放回它在整体中的位子,让它在眼角余光中,在运动过程中,间接地消失。不要给问题加上不必要的重要性,而是要把它看作整个过程中的一个细节。最重要的是不要强求。格兰·古尔德[3]有一种类似的方法:在演奏极为困难的乐曲时,古尔德往往把电视或收音机的音量开到最大,不让自己听到奏出的音乐。此时障碍就会一下子消失,这或许是因为头脑被噪声占据,无法去想那个平常难以跨越的困难,不再感到害怕。噪声带来了双重解放:一方面,它分散了注意力,另一方面,它令可能的错误变得完全无法

---

1 Alfred-Denis Cortot(1877—1962),法国钢琴家、指挥家、钢琴教育家。——译注
2 埃莱娜·格里莫,《野变奏》。
3 Glenn Gould(1932—1982),加拿大钢琴家,以演奏巴赫的作品闻名。——译注

察觉。

带着不安而不是害怕去做

走钢丝者菲利普·珀蒂讲述了自己克服障碍的技巧："如果我一天天地渐渐感觉某个动作越来越难，直至无法完成，我就必须预先设计出替代它的表演动作，以防突然被恐慌窒息。"因此不存在任何压力，不需要孤注一掷，走钢丝者知道如何克服难关，因为他总是有应急预案。但这并不意味着他承认失败，相反，他会尝试重复这个动作，"每次都越发不安，偷偷地。我想坚持住，想拥有胜利的感觉"。如果还是无法完成，那他"就放弃战场。但没有一丝害怕"。这是一种非常奇特的情境，因为他同时既"越发不安"，又"没有一丝害怕"。担心在训练中失误与担心表演时失误不可同日而语。甚至可以不无悖论地说，这种不安恰恰阻止了害怕，因为关于这一动作的想法占据了全部头脑。因此我们或许不应该说那是"不安"，那毕竟像是"害怕"的同义词，而应该说它是一种极端的注意。事实上，"注意"一词同时隐含了不安——这是我们喊"注意！"的用意——和害怕的反面，因为正确使用的注意力不会让人动弹不得，它能让我们规避危险、另辟蹊径。

用应接不暇忘掉害怕

菲利普·珀蒂说："我走钢丝时从不害怕，因为我忙着想其他事。"行动治愈害怕，走在钢索上，有那么多事要做，根本无暇害怕。问题始终在走上钢索之前。在被动的情势下，危险会在想象中放大。时间充裕，就会总是想到失败。菲利普·珀蒂的方法就是亲自落实挑战的一切细节：器材的准备和运输，钢缆的架设，以及表演的选址等，一切都按准备劫案的标准来。大部分时候，他的凌空漫步是非法的，但这一点并不会额外增加难度，恰恰相反，它是"作案"成功不可或缺的一部分。畏惧被逮捕，畏惧在开始走钢丝之前被认出来，这些畏惧恰恰使他不再害怕，无暇思考即将进行的挑战。行动的非法性并不是一个细节问题。它使珀蒂无暇去想走钢丝本身。菲利普·珀蒂自己虽然没有提到这些，但这或许就是他喜欢这些问题的原因。在解决问题之时，他不会去想脚下的虚空。问题要一个一个解决，这是服从应急的需求。服从，这再简单不过了。

解答总是寓于问题之中

面对问题的时候，不应思考解决方法，而应研究问题本身，把它当作一个人去爱，倾听它的表述。解决方法会在我们接受进入问题、放弃从中离开，而非想方设法逃避之时显出端倪。非但如此，问题中也隐藏着真正的快乐：没有什么比一个待解决的难题更令人激动了。那是施展直觉、智力和想象力的大好时机。一个问题就像一只伸出的手。而解答总是来自问题本身，来自看待问题的特定方式。因此，解答很容易就会自己出现。如果同时出现了多种解决方法，我们就选择其中最简单的。如果所有的解决方法都很简单，我们就选择其中最优雅的。菲利普·珀蒂解释说，优雅就是尽可能少做。打个比方，要通过建筑外里面把一个梯子搬上三楼。有一段绳子可用于搬运。一般人会打很多结来固定梯子,而菲利普·珀蒂一个结都不打,他用模型做了展示。他只需把绳环绕过梯子最上面的横档,再将两个绳头穿入绳圈就行了。这样一来,梯子既吊在绳子下,同时也因其自身的重量能在吊运中保持稳定。菲利普·珀蒂还举了一个例子:一个榔头———一头是平的,另一头像两个羊角,可以撬钉子。要把这榔头弄上三楼,一个杂耍者可以直接把它抛给位置更高的同伴,但为求稳妥,他会用绳子在榔头上打一个活扣,并由一个绳结固定:这个结不是打在榔头上,而是打在绳子一端,把这个结卡到榔头一端的两个齿中间,再把绳子围着榔头绕两绕。打结就像系鞋带:打起来容易说起来难,但关键是要理解原理。绳结不是要把榔头捆住,而是要夹到榔头的两个齿之间。珀蒂利用榔头或梯子自身的形态来解决它们各自带来的问题。他并不与这些形状对抗,而是如其所是地利用它们。障碍本身也总是一个支点,这就是此处的诀窍。他还利用榔头和梯子自身的重量来使它们稳定,就如同重锤线或钟摆一端的重物。每一次,珀蒂都从问题自身中寻找解答。当他借助可以重达 25 公斤的平衡杆在钢索上行进时,他就是在利用这个重量:对新手而言,这个重量是一种阻碍,但它就像锚一样把珀蒂固定在钢索上,使他落入或陷入钢索,从而更轻松地在钢索上站立。而有时候始料未及的难题会带来无法预知的解决方案。在为世贸双塔的空中行走探路时,珀蒂的一只脚不慎严重受伤,他不得不拄着拐杖行动。他再次来到世贸中心门前,心中把这场不便诅咒了千百遍,因为他觉得这会增加自己暴露的风险,也担心伤势会妨碍他的"侦察"。结果恰恰相反:大厦保安见他受了伤，反而为他打开了大门，人们都开始帮助他，方便他进到想去的地方。无意间，困难成了计策，就连菲利普·珀蒂这个乔装大师事先也没想到。但他知道：机不可失，时不再来。

相信第一次

我们常常把准备和重复混为一谈。但过多地重复会磨尽锐气。希望排除一切风险，反而有可能降低欲望、耗尽注意力。必须相信第一次。格里莫说："我从来就不喜欢在第一次演出前磨合一支曲子。这样的初吻，为什么要在最糟糕的条件下进行？糟糕的排练厅、恶劣的声学效果、普通的钢琴……记得我第一次拒绝这种排练的时候，所有人都觉得那将是一场自杀。我从未让步，每次都惊讶于所遭遇的普遍的反对。"直到有一天，当世最伟大的钢琴家之一玛尔塔·阿格里奇[1]对她说："这种事先磨合曲目的想法实在可笑。因为恰恰只有在第一次演奏某作品的时候，我们才会真正想要达到自己在平时练习、准备和排练时所预想的水准。"阿兰也表达了类似的想法，他说："必须一举成功"。注意力是一个不应在真正需要前磨损的箭头。埃莱纳·格里莫指出："第一次往往非常神奇：没有什么会破坏你对作品的那种乌托邦式的感觉。你的演奏沐浴在那短暂而光辉的神恩之中。而到了第二次演奏之时，必须重新振作，突然就要想着可能发生的一

---

[1] Martha Argerich（1941—），阿根廷女钢琴家，被视为当代最伟大的钢琴大师之一。——译注

切情况重新开始。"[1]

找到正确动作

无论是对身体还是对思想,固执总会产生反作用。越是勉强,反倒越容易失败,甚至可能会因此受伤。当然,雅尼克·诺阿承认,"掌握一种技术需要努力,但必须选择最聪明的方法,避免练习枯燥的一面"。机械性地重复某个动作并不能让我们真正地学会它。在可以想见的厌倦之外,往往还会导致自信的缺失。"不断重复某个动作,学员总能在寻常的条件下达到可观的成功率,但这不说明他们能在极端状况下获得成功。更好的做法是花时间思考和理解这些动作,把它们深深印在自己的潜意识中:教练讲解,然后你试试,必要的话教练再次讲解,你再试试,等你确定自己全明白了,那就行了,没必要多耽误工夫!赶快去学下一个动作吧。"[2]

只要理解了,就不必多耽搁。这就像是给吉他调弦,一根弦调准了,就不用再多动。继续调下去只会又调乱。我们在这里又碰上了 10000 小时的问题。纯粹以量取胜的训练,即便融入了"刻意练习"的理念,即有意识地向着一个精确目标努力,仍然不起作用。诺阿指出,有的选手头脑中会形成一个"结",如果没人帮助,他就会出离自己的身体,只不过在模仿训练而已。"这种情况下,纵使他每天练五个小时也不会有任何收获。他会

---

[1] 埃莱娜·格里莫,《野变奏》。
[2] 雅尼克·诺阿,《秘密……》。

输球，然后说：'我不懂，我明明付出了努力，刻苦训练，看来今天我不在状态。'"

为了消除这种"结"，首先必须放松，不再强求，不要把"结"越拉越紧。为此先找一个舒适的姿势，好好呼吸。因为我们无法直接放松，有人叫你放松，你反倒会变得紧张，这就是前文提到的错误施力的逆法则。目标仍旧只能以间接的方式达成，比如把注意力集中到呼吸上。只要做到了缓慢地深呼吸，就不可能不放松，那会是自然而然。

接着，要做出正确动作，但首先要理解动作，想象并将其视觉化。在电影《烈火战车》[1]中，短跑选手哈罗德·亚伯拉罕（Harold Abrahams）混淆了速度和仓促，于是教练山姆·穆萨比尼（Sam Mussabini）对他喊："Don't overstride！"（步子别迈太大！）教练向他解释说，只要他跑100米的步数多两步，也就是每步的步幅小一些，他就能赢。他应该追求的是反弹、自然和放松，而不是大的步伐。这首先是一种诉诸想象的心理工作。诺阿指出："视觉化能深入地揭示一项训练的所有视角，比长时间机械性重复有效得多。"我们不用起床就可以改进自己的技术：从想象自己喜欢或梦想的地方开始，通过把握呼吸节奏来掌控自己的身体。分解想要掌握的动作或活动，之后想象自己正完美地做出那一动作。这个动作会铭刻在你的脑海中，可以按需调整。"视觉化的目的很简单，那就是让你进入那个动作。我现

---

[1] *Chariots of Fire*，1981年英国电影，当年奥斯卡最佳影片。电影改编自真人真事，以参加1924年巴黎奥运会的英国运动员哈罗德·亚伯拉罕及埃里克·利德尔的经历为蓝本，讲述他们如何在1910年代末至1920年代初艰苦训练，最后分别赢得100米及400米奥运金牌的故事。——译注

在还清楚地记得1996年法国网球公开赛上桑普拉斯[1]那场马拉松大战。他当时处于一种放飞自我的状态，从而渐渐进入比赛之中。他以一种极度放松的方式发球，他咬住每一分，他就是发球，他就是运动。他就是网球。他打得赏心悦目，因为我们极少有机会能把身体放松到这个程度。不过那是当时胜负攸关的局面逼出来的，桑普拉斯已经接近了身体的极限。我认为他向我们展示了他所能视觉化的网球运动的样貌。"

视觉化建立在身体和想象力的协同之上。正确想象便能正确执行。身体不断重复某个动作无法让我们真正学会它，只有想象和行动来回对照才能帮助我们学会。"一旦完成了动作，你就不需要费力再重复千万遍了。你有了。你已经习得了它。即便在最极端的情况下，它也不会飞走。"或许这才是最惊人的：以这种方式学到的动作被如此牢记，即使在承受压力的情况下也能完成。这种方法的好处不可胜数：哪怕受了伤，你仍然可以继续训练。我们可以自由想象所有可能的状况，因此对任何情况都能有所准备。日本武士道的经典著作《叶隐闻书》(*Hagakure*)同样提到了这种方法，主张设想一切可能的战斗局面，为可能发生的一切做好准备。音乐家也使用这一方法。格里莫曾谈到在她人生的某个时期，练习主要在头脑中而不是在乐器上进行："我用思想练习，通过图像的联想、心理投射，想象建筑、色彩。任由它们化开。"因此，想象未必都伴随着行动。我们可以让想象沉淀、化开。诺阿建议，如果在训练中无法即时地投入，千万不要强

---

[1] Pete Sampras (1971—)，美国著名网球运动员，1993—1998连续六年世界排名第一。1996年法国公开赛四分之一决赛，他在先丢两盘的情况下逆转取胜，闯入四强。这也是他在法国公开赛上取得的最好成绩。——译注

求。"有时候想着自己的目标在森林里闲步要比三小时的基础训练有益得多。"

和卢梭一起散步

散步是一门艺术,目的在于以步行替代思考,方便产生遐想(rêverie)。而真正的散步除了散步本身没有任何目标。它因此也就更有益处。卢梭曾讲述自己如何通过这种漫无目标的散步或躺在小船上仰望天空找到了最纯粹、最持久的快乐。这种孤独的沉思以某种放弃为基础,这种放弃因真诚而回报丰硕。与表面看上去不同,遐想、沉思和散步从来不是浪费时间。想法之所以出现,并不是因为追寻,而是因为空闲。一旦占据头脑的那些杂念和紧张情绪被清除出去,清晰的思路自然就会出现。

休息的艺术

最后,让我们来谈谈注意力最关键的前提和最重要的条件:休息。安德烈·布勒东[1]说睡觉的时候,"圣-保尔-鲁[2]总要在房门上挂一块牌子,上面写着'诗人工作中'。"超现实主义者往往在睡眠和梦境中寻求灵感,因为那有助于打破清醒时刻二元对立逻辑的桎梏。最新的科学研究表明,睡眠能促进大脑的运作,更确切地说,促进抽象信息、新的身体运动、体育和艺术动作——

---

1 André Breton(1896—1966),法国作家及诗人,超现实主义创始人之一。——译注
2 Saint-Pol-Roux(1861—1940),法国象征主义诗人。——译注

诸如钢琴、网球、语言学习等——的默化与掌握。黑夜不仅能带来好的建议，还会打开新的出路。

不过，要收获睡眠的果实，我们必须先要沉浸其中。在谈论失眠的一章中，阿兰把休息姿势定义为"一切可能的下坠都已发生"的姿势。他指出："治疗的办法就是首先听凭重力起作用，直到它使尽招数。请采取液体的形式。"[1]这将唤醒下坠的感觉。因此，必须找到身体坠无可坠的姿势，否则，任何轻微的动作都会把我们惊醒。

采取液体的形式，这同时也意味着放弃形成思想。记得从大海得到的教益吗？大海告诉我们形状是虚假的，它拒绝我们的一切观念。知道睡眠，首先要让自己的思想睡眠，也就是防止思想形成。把注意力放在呼吸上是做到这一点的一个好方法。必要的时候，我们还可以诉诸想象，特别是对水的想象。精彩的《水与梦》(*L'eau et les rêves*)一书的作者加斯东·巴什拉住在巴黎圣日耳曼大街的莫贝广场，那是一条特别喧嚣的街道。巴什拉说，有一天夜里，他被雨声和交通的噪声吵得睡不着，于是他把车辆的声音想象成海浪声。沉浸在这美妙的天籁里，他幸福地睡着了，顺利潜入了深沉的睡眠。

---

[1] 阿兰，《密涅瓦或智慧》。

十

梦的力量

违心,也就是违背梦想,是做不出什么好东西的。
——加斯东·巴什拉

阿兰·帕萨德是久负盛名的烧烤大厨。人们从世界各地不远万里来到他坐落在巴黎罗丹美术馆和残老军人院附近的米其林三星餐厅"芭音"品尝美味的烤肉。帕萨德对肉类有出众的理解,尤其在火候的掌握上。这一训练来自他的祖母,一位懂得看火、听火的杰出厨师。"当第一滴油脂在烤盘中滋滋作响,我还能想起从祖母的火炉中传来的风声。"要听懂火的歌声,你需要完美的听觉。火候是一门古老的艺术,它有自己的神秘之处。例如,"食物上的烤痕就相当有讲究。用柴火烧烤时,火给食物留下的焦痕更显著:能尝出火的味道。而金黄的烤色是带了一点水分的效果,那是另一回事了。"这话听上去就像出自陶艺师或炼金术士之口。在《火的精神分析》(*La psychanalyse du feu*)中,加斯东·巴什拉也回忆说:"祖母鼓起腮帮子向铁管里吹气,唤醒了沉睡的火焰。她同时烧煮所有东西:喂猪的差土豆,人吃的好土豆。给我准备的新鲜鸡蛋埋在炉灰里闷。用不着沙漏计时来控制火候:一滴水,往往是一滴唾沫,如果落在蛋壳上一下子就蒸发掉，那就意味着蛋熟了。最近，我吃惊地读到德尼·帕潘[1]也用我祖母的方法管理火候。"物理学家也好，厨师也好，火的教导都一样：它要求我们集中全部注意力。但这一要求与它的慷慨是相称的。巴什拉接着写道："我听话的日子，家人会拿出华夫饼烤盘。长方形的烤盘压在如菖兰花剑一般通红的柴火上。瞬间华夫饼就兜在了我的罩衫里，它们摸着比吃起来更烫。是的没错，我吃的是火，当滚烫的华夫饼在我齿间破碎，我吃的是金色的火焰、是烟火气、是跃动的火舌。而且总是如此，通过某种奢侈的愉悦，就像餐后甜点那样，火证明了它的人性。火不仅把食物煮熟，而且令其酥脆。它给烤饼镀上金色。它使人类的飨宴成为事实。回溯可考的历史，美食价值始终高于充饥价值，人类找到其精神是在愉悦而非痛苦中。人是欲望的造物，而不是需求的造物。"

阿兰·帕萨德完全会举双手赞同这段文字，因为他只在快乐的时候工作，并自十四岁起便一直生活在烹饪的美梦中。不过几天来，他对肉类没有感觉了，甚至开始厌恶肉类。是因为数月以来充斥电视屏幕的疯牛病的景象吗？是因为他与死去动物的关系？是因为血？总之，帕萨德再也无法忍受。一直以来，他每天做的无非是切肉、去骨、抹油、褐化、淋酒、点火、把牛肋排、羊肩肉、鸭胸肉放在盐上焗，如今他却突然再也无法忍受看到、接触，更不用说嗅闻任何动物组织。愉悦已经不在，欲望也已消退，快乐一去不返，美梦成了噩梦。热情的火焰究竟去了哪里？

---

[1] Denis Papin(1647—1712)，法国物理学家、数学家、发明家，他发明的蒸汽蒸煮器是蒸汽机和压力锅的前身。——译注

决定了，他不干了。阿兰·帕萨德对烹饪爱得太深，注定他只能立刻原地撒手。当时是1998年。别了，小牛肉、牛肉、猪肉。别了，"琶音"餐厅。

但一年之后——这情节堪比电影——帕萨德又回来了。他这次改行了。从前他做烧烤，现在他则像一名画家："看这个！我们做一个'全家福'，选一种颜色作为创造的主轴。我喜欢橙色的这一片，就它了，要让自己开心。我来这么一束，瞧，走！就像画画一样，我在这加上一点点绿色。再来一段韭葱强化一下。你看：菜做得了。"一个作品以"束"称的画家，所以有点像花匠。他的"玫瑰束苹果派"可以为证，这是他引以为傲的一个作品，把薄如蝉翼的苹果片卷成花朵需要用金匠般的手艺："烹饪就是一门珠宝手艺。我们这就相当于旺多姆广场[1]。关键在于手里的感觉、动作。精确性和准确性非常重要……在烹饪领域，必须知道如何锤炼某些感觉，就像那些香水大师。"烹饪就是建立联系，为某种颜色赋予一定口味，必须身兼数任，同时是香水师、画家、花艺师、珠宝匠、服装设计师、雕塑家。唯独不是烧烤厨师。阿兰·帕萨德的创意，那个在隐退的孤独与痛苦中诞生的令他得以强势回归的带有救赎意义的想法是：保留灶火，远离肉类。如今，蔬菜成为主导，他只做蔬菜。的确，完全可以把甜菜放在盐上烤，也可以制作烟熏西芹、火焰洋葱或烤胡萝卜。帕萨德是素食主义的普罗米修斯，他决定把火从肉类那里偷过来，让它为蔬菜服务。对一位米其林三星大厨来说，这简直是个离经叛道的疯狂想法，不啻对法国美食的羞辱，但帕萨德已然做出了选

---

[1] 巴黎旺多姆广场是高级珠宝店集中地。——译注

择。肉类的噩梦结束了,热情和创造欲回来了。就像他自己所说:带着新的手法、新的视角、新的味道、新的香味,带着不同的烧烤的声音,以及重新拾回的欢乐。因为血而产生的焦虑换成了蔬菜的梦想。蔬菜是大地,是缓慢的生长,是四季的节奏,是根源的深度,也是果实的承诺。这些都是巴什拉所说的"休息的梦想"。这些梦想与被城市生活弄得精疲力竭的那些人的内心一拍即合,并适合分享。帕萨德解释道:"我自己种植蔬菜,以便能够讲述一个从种子到餐盘的故事。"没错,因为一来二去地他变成了一位园丁。不是普通的园丁,因为在这桩事上,梦想也把职业变成了艺术。"我们像葡萄农那样思考。和园子中的年轻人谈到甜菜或胡萝卜时,我们就好像在谈论霞多丽或长相思[1]。我们的想法是为蔬菜设立特级园制度,让蔬菜种植成为面向未来的职业。"这既是一个甜蜜的梦想,同时也是一个关于甜蜜的梦想,其核心是风土的特殊性和应季的智慧,而不是无土种植和1月的草莓。在阿兰·帕萨德的世界里,我们往往能听到这样的话:"厄尔省的西芹要比萨尔特省的更好,舒适的生长条件使前者更壮",或者"西红柿的上市是一场约会",我们知道那说的是恋爱的约会。风土有价值,蔬菜是人物。

面对炉火,阿兰·帕萨德的双眼再次像祖母那样放出了光芒。借助蔬菜,并尤其——这才是我的重点——借助蔬菜中蕴藏的梦想,他找回了烹饪的乐趣。在《土地或意志的梦想》(*La terre ou les rêveries de la volonté*)中,巴什拉写道:"剥夺梦想,工作者会被击倒。忽视劳作的梦幻力量,你就损害、颠覆了

---

[1] 霞多丽和长相思是两个用于酿酒的葡萄品种。——译注

劳作者。每一种劳作都产生梦幻，每种劳作的对象都带来其私密的梦想。劳作中的梦幻是劳动者心理完整性的前提条件。"只有被梦支撑的劳作才是幸福的。需要注意的是，这种梦既不是与现实相对立的梦，也不是弗洛伊德那种作为补偿的梦，更不是雄心之人的宏伟梦想，相反，它是铭刻在物质及其所允许的动作上的最基础层面的梦，是借助火的力量和土的秘密的梦。所有真诚劳作的人首先都是梦想者，正是因此，他们的劳作才变得轻松，一切努力才会幸福。当想象力与双手共同发力的时候，我们的整个存在就会泛出行动的幸福。无论是冶金工人还是厨师，火的愉悦都给辛劳带来了光明。土地既承载着意志的梦想，也承载着休息的梦想。大自然是一位慷慨的神祇，它代你劳作。帕萨德说："食材的搭配会自发产生。我无需思考'这个和那个搭不搭'，不用。一定是搭的。因为那会是一种同时生长成熟的食材。最好的烹饪书是大自然写成的。只需跟随大自然设定的时间表。"跟随大自然的节奏，才是真正意义上的劳动，就像探险、旅行和征服，而休息也是自然的节奏，因为葡萄农和园丁知道信任大自然意味着让大自然做它的事，知道何时让大自然休息。

西蒙娜·韦伊说："农人靠肌肉力量拔除杂草，但阳光与水自然就让小麦生长。"阿兰·帕萨德的终极梦想便是自己也像阳光和水，尽量轻盈地介入作物生长，抹去人工痕迹，以达到自然状态。

意志的梦想与休息的梦想之间的这种平衡，是隐藏在土地中的真正宝藏。帕萨德坦承："拥有自己的菜园之后，我的感觉空前之好。"种自己的园地，这是来自哲学家的建议，更是炼金术士的梦想，甜菜就是宝石，土豆就是金粒。我从小就不喜欢蔬菜，把它们看成不得不吃的药，用餐时不可避免的麻烦，吃肉的"附带损害"；但我承认，阿兰·帕萨德让我经历了一场味觉革命，他对蔬菜的看法也让我对它们产生了完全不同的想象，我现在视蔬菜为神奇的馈赠，而非营养师的建议。此外，只需看到帕萨德和他的团队每天早晨等候货车把蔬菜从园子运来的样子，就可以明白：在帕萨德那里，四季的确得到了尊重，10月15号之后就再也没有西红柿了，但菜单上依旧每天都是圣诞节……

有火的梦想、土地的梦想，也有水的梦想。自从能记事起，雅克·马约尔就从来没停止过对大海的梦。"我经常和哥哥皮埃尔一起潜水。我们扮演采珠人，并且梦想着一旦成年，就去塔希提岛和世界上许多其他地方潜水。从清晨到黄昏，我们一整天待在水中，我们每天都在发现海洋之美，发现五颜六色的鱼和各种贝壳。"水下世界的安逸，那是来自母亲的传承，在他很小的时候，母亲就教会他屏气："她在浴缸里放水，轻轻地把我的头按到水下，试着教导我亲近大海要做的第一件事就是屏住呼吸。"母亲会为他如今的成就感到骄傲，但或许也难免担心。他已经潜到了水下50米，水肺潜水员熟知的波义尔－马略特定律认为在这个深度，不借助高压空气呼吸的自由潜水者的肺部会被压破。但马约尔并不害怕，他了解会发生什么已有近二十年了："下潜到60米时，你会有一种神奇的感觉，好像一双巨大的手在温柔地拥抱着你，你不会感到疼痛，它们使血液向肺部流动，让你而潜得更深。你无需害怕放开自我。这样你便能感到自己成了宇宙真正的一部分。"导致这独特的良好感觉的，是一种胸腔内痉挛，称为"血转移"（blood shift）或"边缘血管收缩"。在此过程中，富含红细胞的血液从身体边缘朝着胸腔内的要害器官流动，一直流向大脑。"一方面，血液的流动形成一种能够对抗水压的软垫；另一方面，它也促使新鲜的红细胞流向身体此刻最需要的部分。科学家尤其在深潜的鲸体内观察到了这种效应。"[1] "血转移"在医生们笔下是一种生理现象，但雅克·马约尔的体验更为梦幻、私人。他完全把自己的生命交付给了大海。十七岁的雅克投身航空，梦想成为美国一家飞行学校的学员，结果成了摩洛哥阿加迪尔机场塔台的翻译兼空管。不管怎样，如今的雅克在水中潜游，可以说是在反向的深空中飞翔。跨越音障对他来说一定也不算什么，因为1976年11月23日，他在厄尔巴岛周边海域跨越了100米的下潜纪录。对此，马约尔记得非常清楚，恍如昨日："我当时有一种谵妄般的快乐，尼尔·阿姆斯特朗登上月球时也许就是这种心情。这是水下100米的涅槃。"那已经是七年前他四十九岁时的事了。当时他已潜至80米。在那被压载铁上探照灯的光束刺破的几乎漆黑一片的水下，马约尔回想起他的伙伴海豚"小丑"，正是它教会了马约尔如何潜水。此刻也是，他更希望是一只海豚而非压载铁把他带至此处。马约尔决定取下鼻夹，海水立刻侵入他的鼻腔。"此刻，我前所未有地感觉到自己变成了一只海洋动物。我感到模糊的迷醉，仿佛身体中某些未知的潜能被唤醒了。"他不知不觉就突破了百米的大关。"在开始下潜84秒之后，沉重的压载铁重重撞在止降盘上。耀眼的光束使雅克无法看清古格里耶米和阿拉尔迪［两名水下安全员］的脸。此时他

---

[1] 皮埃尔·马约尔（Pierre Mayol）、帕特里克·穆冬（Patrick Mouton），《雅克·马约尔，海豚人》(*Jacques Mayol, l'homme dauphin*, Arthaud, 2003)。

格外冷静。他发现把上浮气球及其气瓶扣在安全绳上的两个金属环之一稍稍卡住了，于是他慢悠悠地把它解开。接着他拿起一个装满酒精的小瓶子，瓶身上标示的深度是 105 米。他把瓶子塞进了潜水装。一系列动作非常缓慢、松弛。他把气瓶上的阀门轻轻一拧，上面的气球就'嘶嘶'地慢慢膨胀起来。又向四周环顾了几秒，他就随着气球一起由慢而快地上浮了。

"上到 50 米的深度时，雅克的感觉是如此之好，以致他决定放开上浮气球的把手，用自己的脚蹼继续向上游，他完全放松下来，一边扶着绳索，一边向上游。他时不时地向水面方向望去，那里的光亮越来越强，好像正迎接着他。他的动作舒展、协调，上到 35 米的时候，他还特地停下来与安全员朱塞佩·阿莱西握了个手……

"15 米处，他又和另一个安全员握了手，上浮到水下 1 米的时候，他又停了停，用了几秒钟掏出那个证明他到过 105 米深处的瓶子。下潜开始三分十五秒之后，他冒出水面，但随即又再次潜入水下 20 米，和正在那里进行漫长减压程序的古格里耶米和阿拉尔迪握了手。接着，他回到船上，若无其事地帮着船员们把 50 公斤的压载铁及其缆绳拉上来。他的脸上没有一丝疲惫。"[1]

值得浮一大白。在这段对破纪录过程的描述中，最令人吃惊的与其说是这个成就，不如说是马约尔实现它时的那份轻松：他上浮时不慌不忙，仿佛时间非常充裕，对延长下潜时间、尽快回到水中欲望强烈。比起运动员的轻松，这更像是做梦者的那种顺其自然。水下的马约尔如鱼得水。巴什拉在《水与梦》中把水和

---

[1] 皮埃尔·马约尔、帕特里克·穆冬,《雅克·马约尔，海豚人》。

爱联系起来,详细分析了水的梦幻。水的承诺是:生活如梦一样飘逸。如果比较马约尔与他的竞争对手克罗夫特和马约尔卡的想象图景,我们可以看到其中存在显著的差异。美国人克罗夫特是海军陆战队的教官,他的工作是让新兵们学会如何从沉没的潜水艇中逃生,正是在这种教学中,克罗夫特提高了自己自由潜水的技能。克罗夫特的训练地远离大海,在美国康涅狄格州格罗顿一座拔地而起的潜水塔里,水深36米。而意大利人马约尔卡的训练方法则兼有运动员和人文的特点,以对自身极限的自我认知为基础,他说:"在自由潜水时,你最终会了解自己的精确'尺寸',以量身定做自己的'服装'。身处水下的自由潜水者会从无涯宇宙的角度审视自己,只要他愿意,他就能拍下自己内心与灵魂的X光片。"与他们相比,法国人马约尔显然是唯一营造那个真正基础梦境的人,他追求的并不是在陌生环境中保持自己人的身份,而是要融入这个环境,变成海豚。"海豚人",这正是他多年编集的那本书的名字,他在其中总结了自己命中注定的人生旅途:"寻找人类的潜水反射。我坚信人类从起源之时起便拥有这种反射,应该可以——即便是部分地——在我们的遗传记忆中将之唤醒,使用与大自然完美和谐的方式,避免一切人工手段。"

在他们各自的想象图景中,克罗夫特要携带尽可能多的空气逃出失事潜水艇,以军事资源的模式看待呼吸,马约尔卡采用竞技体育模式,运用各种方式锤炼意志、屏住呼吸,只有马约尔模仿海豚模式,寻求放松与自然。克服困难的梦对阵轻松之梦,求生或人类成就之梦对阵生成动物之梦。孰对孰错?问题不在这里。不要以可测的成绩去评判某种想象世界的高下,不要把梦局限为体育成绩的仆人,而是要看到,基础梦境在多大程度上方便了相关活动,并尤其为整个人生带来一种梦的流畅性。想象自己是海豚的人在水里必定会像鱼、或更确切地说像鲸类一般幸福。雅克·马约尔认为:"只要能做梦,人类便永远不绝。人类保护海洋一日,海豚人的梦便存在一日。"

马约尔的榜样是海豚,格里莫的榜样则是狼。那年的罗克当泰龙音乐节上,格里莫正处于抑郁的高潮,她陷入了重度抑郁,那段日子里,她完全失去了生活和演奏之乐。两年后,她与一只名叫阿拉瓦的雌性加拿大狼有了一场神奇的邂逅。她说,在抚摸它时,"我感到一阵令人目眩的火花,周身如同放电一样,一种独特的触感穿透我的整个手臂和胸膛,心中顿时充满甜蜜的感觉。只是甜蜜?是的,它压倒一切,在我心中唤起一支神秘的歌,那是一种未知的原始力量的呼唤。奇异的长毛、黄得浓郁的眼睛,和它在一起让我感到幸福、完整,还近乎荒谬地有了一种年轻和强有力的感觉。"[1] 那是 1991 年,在美国佛罗里达州的塔拉哈西,格里莫的人生从此改变。她迷上了狼,想知道关于狼的一切,于是她出资在塔拉哈西开设了狼群保育中心,收容了许多狼,并向公众普及狼的知识。在它们的影响下,格里莫重新通达了直觉,也重新获得了演奏所需的某种直接性——陷入对作品的自由分析而不是去弹奏它们曾使她失去了这种直接性。几年之后,格里莫成了标志性的人物,她是那个和狼作伴的钢琴家,但她无所谓,因为她知道狼对她而言远不是名声的道具。她知道使自己和狼群走到一起的那种本能联系。直到有一天,格里莫受邀

---

[1] 埃莱娜·格里莫,《野变奏》。

到科罗拉多州的博尔德拍摄关于狼的电影,由于和那些狼并不相识,格里莫被它们严重咬伤。她回忆说:"我从来没想过会发生意外,我确信自己不可战胜,确信自己的表现自然、直接,正是这种态度开启了我和阿拉瓦的邂逅,并使我与其他狼建立友情。但事实上,我深刻地重新思考了自己与狼的关系。我不无痛苦和某种放弃地发现:博尔德意外发生之前的那种完美共生关系,我的动物性与狼的动物性取得的那种和谐,那完全是反常的、超乎寻常的。我的懵懂、完美的不可战胜的感觉、有时甚至是我内心坚信的永生的感觉,它们使我的动作带有一种在动物的世界中只属于居于支配地位的动物的自信。不过我并不是狼,我只是一个女人,此外其他的一切都是某种特权。在那个意外之后,我能重新建立那失去了的纯真吗?我明白自己对问题的表述是错误的。其中最大的错误信念就是:'如果我爱它,它也会爱我。'博尔德的事件教会了我一条行为准则,后来我进狼圈一直遵循。我时刻牢记以狼的方式而非我自己的方式来看待一切,用它们的视角、它们的节奏……我学会了如何保持最高的警惕性,如何在当下的关系中,让所有神经纤维和神经元高度戒备,就好像随时都会失控一样。而与狼打交道的规则同样也适用于音乐。"[1]

对格里莫而言,狼就是一场已经变为现实的梦。但随着这种带着痛苦的全新现实的到来,随着她失去纯真,格里莫变得更具存在感了。狼对她的呼唤最初给她带来了一场梦,使其摆脱了痛苦,但狼的撕咬却把她从梦中推了出去,给她带去了现实。这独特的教训,当格里莫终于把它运用在当初失去了兴趣的音乐上

---

[1] 埃莱娜·格里莫,《女钢琴师的心灵之旅》。

时,她领会了其中的全部含义。那是在科莫,她久久地、缓慢地散步归来:"我在琴凳上坐下,把手放在琴键上。于是,终于,我变回缺席了很长时间的自己。我一个人在钢琴前,没有任何压力任何计较,只有弹奏的快乐。我终于可以直接与作品接触,除了把它重新弹出来不用做任何事。为了我,仅仅是为了我,仅仅是为了让自己开心,为了重新找到状态,找到生活和快乐。于是我弹起来。没有任何目标,没有丝毫焦虑和悲伤。一切都消失于无形。我一小时接一小时地弹奏。在最后,我看到了那道光。"

终结了,灵魂与肉体之间那个永恒的时差,终结了,与世界的不和谐状态,终结了,无休止的反思。狼逼着她回归现实,把纯粹的弹奏的快乐还给了她,那种没有目标、单纯的弹奏的愉悦。对一个迷失在对乐谱的解读中、曾经确信自己是狼的积习难改的做梦者而言,这是一个艰难的教训。"我现在可以微笑,因为我已经不在此处。我占据着空间,生活在狼、音乐和写作的夹缝中,这是令我最舒服的所在。"滑进缝隙里,在其中穿行,还有什么比这更好的对游戏的定义呢?只要存在游戏,生活就会重新运转起来。不过,格里莫并没有放弃她的梦,她只是学会了立足现实、对梦给予强有力的关注。

用德勒兹的术语,虽然埃莱娜·格里莫陷入了曾经重建变形的可能性、将其拯救的"生成-狼"之中,但她并不把自己当成狼。她知道那条将自己与野性世界分开来的边界,不会把梦当作现实。雅克·马约尔在"生成-海豚"中走得更远,也许有点太远了,但他知道自己充其量只是个"两栖人",也知道完全变回某种水生的存在是不可能的。但其他人没有这种机会或智慧。在他拍摄的纪录片《灰熊人》(*Grizzly Man*)中,沃纳·赫尔佐格[1]向我们讲述了蒂莫西·特雷德韦尔(Timothy Treadwell)的故事。特雷德韦尔梦想要成为一只灰熊,每年夏天都去阿拉斯加的荒野与灰熊共处。特雷德韦尔说自己时刻可以为灰熊牺牲生命,而这正是他最后的结局:他被一头陌生(这可以略略为他开脱)灰熊吃掉了。梦的力量带有两面性,它既能给人启迪,也能把人毁灭。我们可能会被穿过我们的梦击碎——如果它过于宏大的话。该怎么评价特雷德韦尔呢?他因自己的梦想而死,但他之前曾活在梦想里。连续十三年,时间很不短。不过,仔细探究的话,特雷德韦尔这位曾经的加州趴板冲浪爱好者,他想做的不是要成为熊的兄弟,而是要在熊身上冲浪,难道不是这样吗?他对危险的爱,难道不是与对动物本身的爱一样强烈吗?他在熊的领地上生活,却认为自己在保护熊,这难道不意味着他缺乏对熊的尊重吗?在穿越人熊之间那条保持了7000年之久的边界时,他难道不知道要为此付出代价吗?

菲利普·珀蒂叙述,在世贸中心双塔之间400多米的高空,当他在钢索上保持平衡,像一只鸟似的停在那里时,曾有过一次有趣却不太友好的邂逅。很巧,和一只鸟。估计鸟儿对自己的空间遭闯入很惊讶,于是袭扰了珀蒂,逼使他不得不听从纽约警察的命令,回到人类的世界。珀蒂并未混淆走钢丝的梦和变成鸟的梦。他"生成-鸟"的经历与前述那种变形成动物的幻觉毫不相干。

珀蒂完美体现了梦与现实之间的平衡,这种平衡正是无意

---

[1] Werner Herzog(1942—),德国电影大师。——译注

识疯狂与受控壮举的区别所在。他在训练中对自己极为苛刻。例如，他训练自己"单腿站立保持平衡，直到腿脚由于酸痛无法再支撑身体为止，在换支撑腿之前，还要努力坚持多站一分钟"[1]。既然没人强迫，为什么还要努力承受那不可承受的呢？回答就在问题之中：正是因为没人强迫这么做。"我认为鞭子是必要的，只是挥鞭子的应该是学生自己，而不是老师。"他补充说："我对受苦的荣光没兴趣。"

这是因为他受的苦已经成了实现梦想的台阶的一部分。珀蒂不是受虐狂，他不会为了受苦而受苦，相反，他把痛苦放回其原本的位置：痛苦是身体达到极限的信号。想要突破极限的人，必须准确知道极限在哪里。雅尼克·诺阿说："疼痛是运动员的气压计。运动员想要从中看到提高的信号。"如果疼痛可以是美味的，那么只可能是因为这一点。疼痛证明我们正在超越自我。自身存在的这种扩展于我们是一种快乐。此处的目标在于把平衡铭刻进身体。"当双脚自然而然地踏出，双腿就会获得独立，从而使你的每一步都高贵而坚定。"躯体在痛苦，但它知道为何：那是改变躯体所要付出的代价。"但我向你保证：当你从钢索上下来，双脚自己挪向休息的床铺时，你会发现疲惫不堪的自己在微笑。你看，脚掌上有一条我朋友福瓦所称的'笑之线'，那是钢索的印记。"所有努力的目标在于让努力消失。努力是有用的，不可避免，必不可少。但它应是有指向的、有限的，经过深思熟虑，专业的。其目标就是让自己消失。努力无非是一些脚手架，它是达成平衡与休息所需的手段。最终，走钢丝必须是愉悦和轻

---

[1] 菲利普·珀蒂，《走钢丝理论》。

松的。对那些认为这不可能做到的人,珀蒂回答说:"极限仅仅存在于没有梦想之人的灵魂中。"

此外,虽然菲利普·珀蒂有时会痛苦,但那绝不是因为用了力。即便当钢索出现震颤,走钢丝者"想用力使其停下,那也应该在上面轻柔地移动,不要妨碍钢索的歌唱"。关注钢索的歌唱,滑入其音乐,这能使你的控制更轻松。梦不仅使努力变得有意义,而且它还有止痛的特性。追求梦想的时候,我们对痛苦会有不同的看法。珀蒂把训练看作狩猎和征服,而不是考验和试炼:"你不应坠落。失去平衡的时候,你在落地前要坚持尽可能长的时间,然后才跳下来。不应强迫自己保持原位,而应当争取空间,去征服!"没有坠落,只有跳下。同样地,当我们向梦想飞奔的时候,疲惫不值一提:"在把脚放到地面之前,必须达到一个极限,无论这个极限是多么低:我们为了'走钢丝者'的头衔而战,我们要在光彩中离场,而不是因为疲惫。"因此,努力会带来一种快乐,努力绝不仅仅是朝向梦想的终极轻松的一小步,它成为其自身,如果谈不上轻松,那它至少是一种幸福。和蒙田一样,珀蒂也可以说:"那些只有在快乐中才能获得快乐、认为只有最高才是赢、仅仅因为猎物而喜爱狩猎的人,他们无权加入我们的行列。"快乐绝不止于最后捕获猎物的时刻,它贯穿于整个打猎的过程中,它与打猎是同步的。追寻幸福的过程本身已然是一种幸福。一个真正的梦在我们做梦的同时便已完满了。菲利普·珀蒂之所以像是推翻了蒙田和帕斯卡的论断,能够毫不胆怯地行走在——不是"一道木梁,粗细足够我们在上面漫步"或"足够宽的木板"上,而是架在巴黎圣母院两座钟楼间一道纤细的钢索上,并不是因为某种能够压倒恐高幻想的新式哲学智慧,而是因为一种更强大的想象,更大的梦想。走钢丝的梦比恐高幻想更有力、更广阔、更刺激。菲利普·珀蒂从来不需徒劳地与坠落恐惧战斗。对他来说,这种恐惧压根就不存在,它没有形成的时机。不是理性,战胜想象的仍是想象:美梦毫不费力地擦去了噩梦,占据了它的位子。

雅尼克·诺阿也认识到这点:"我不相信为了努力而努力,我相信梦想的实现。"如果知道打球是为了谁或为了什么,我们就能做得更好,因为努力有了意义。"还在少年组的时候,我就因为一个美丽的原因轻松赢下了全法冠军:看台上有一个来自朗格多克的小姑娘,她忧郁的眼神让我神魂颠倒。那天厉害了,我在比赛中超常发挥。"[1] 爱情的力量使中世纪的骑士在战斗中如虎添翼。雅尼克·诺阿是迄今唯一一名赢过大满贯赛事的法国网球选手,但也只赢了一项。他知道,自己本可以有更大成就,但当时没有人指导他该怎么做。他究竟缺失了什么?虽然诺阿后来一个人悟出了其中的道理,但无奈已经太晚。当你位于巅峰的时候,真正的问题在于如何找到新的梦想和新的征服目标。要从冒险的角度去看,不要去想还要拿几个冠军。诺阿说:"丹·米尔曼[2] 曾把职业生涯比作攀登高峰的艰难过程,如果我当时能读到这个隐喻,如果我当时能像揣着一张藏宝图出发淘金的冒险者那样,那么可以肯定,我会取得更大成就。"[3] 白纸黑字。诺阿缺少

---

[1] 贝尔纳·维奥莱(Bernard Violet),《雅尼克·诺阿,平和的斗士》(*Yannick Noah, le guerrier pacifique*, Fayard, 2009)。
[2] Dan Millman(1946—),美国运动员、体操教练、畅销书作家,曾获得第一届世界蹦床锦标赛冠军。——译注
[3] 雅尼克·诺阿,《秘密……》。

的不是训练或才能，他缺的是一个能帮助激活新欲望、为下一步的努力提供理由的合适隐喻。不无悖论的是，如果当时有人告诉诺阿：赢得法网冠军绝非他职业生涯的巅峰，而只是其中的一个阶段，更艰难的攀登在前方等待着他，那么诺阿后来的人生或许会轻松得多。诺阿缺乏的是图景。他需要有人去滋养他的想象力，而不是抽打他的意志。成为网球教练后，他完全明白了这种必要性，十分注意用丰富而有启迪性的图景滋养他的队员。这些图景与其说是对于胜利的梦想，不如说是那种能够产生奇迹的白日梦和适当的想象。当然，在网球比赛中把自己想象成淘金者或许有些不着边际，但淘金者只追求一个目标，他永不气馁，无论掘多少土也要找到金矿。就像在炼金术士那里一样，黄金是努力的硕果。无论是奥运会上的金牌，还是物理意义上的金子，它从来都是一个需要极度努力、深入挖掘才能获得的目标。一方面是山，是攀登、升空的梦想，另一方面则是金子，是关于大地、深度的梦想。巴什拉说，用图景滋养干涸的心灵总有益处。想象力主宰着情感生活。雅尼克·诺阿带领法国队出战戴维斯杯，在幸福与成绩之间掀起了一场真正的哥白尼革命。盛行多年、至今仍不乏信徒的传统看法认为，幸福以成绩为前提，但诺阿反其道而行之，他以幸福与安乐去追求成绩。成绩不再是目标，而是幸福的一个间接结果。无须瞄准就能达成目标。梦不再是前方的远景，而是一种所要寻求的、以"像梦里一样"比赛的状态。

你或许会说：不是所有人都能成为网球或自由潜水的健将、成为走钢丝或弹钢琴的大师。在本书的末尾，我特别想舒舒服服地和加斯东·巴什拉这位梦和快乐想象的哲学家一起坐在椅子上来回答这个质疑。巴什拉解释说：所有人都可以成为想象的冠军，没有任何困难，既无需竞争，也没有对手，更没有障碍物。

为了幸福，无需潜到 100 米深的水下，你只需深入自己的想象就够了。擅长想象的人活得快乐，而且为追求目标做好了准备。需要注意的是，想象并不是补偿或逃离性质的梦，而是鼓舞人的现实。想象的图景堪称心灵的加速者，它们提供能量，点燃思想。只要真诚地体验图景，就能感受到它们，经验到它们。躺在床上，散步时，在火车和飞机上，我们随时随地都可以这么做。当然，最好是在无所事事时想象，这样才有质量。巴什拉曾幽默地说，这一想象力的健身操，即对努力的诗意想象，可以"锻炼整个人，而不是像普通健身操那样只锻炼肌肉"，因为在想象中用力与肌肉无关！光是体育锻炼无法在深层次激发活力。通常的健身都流于表面。运动员之所以能够让自己处于最佳状态，不是因为他在场地上做了更多训练，而是因为他找到了正确的图景。埃莱纳·格里莫之所以重新拾回了音乐的快乐，不是因为她强迫自己弹钢琴，而是因为她经历了动物的梦。巴什拉说："你不会在一夜之间成为轻盈的灵魂。愉悦是自然而轻松的，但幸福是必须学习的。"不过我们知道那条道路，它既不陡峭，也不艰难。它就在我们面前，更确切地说，它就在我们心中。只需想象就能通达。阿兰·帕萨德拯救了自己的三星厨师生涯，那不是因为他强迫自己烤肉，而是因为他急流勇退，并且在与大地的接触中更新了他的想象。和巴什拉一样，我们也认为"想象之线是真正的生命线，最不容易断。想象和意志是同一股深邃力量的两面。会想象的人才会有意愿"[1]。

记得小时候,还没学会骑自行车,我就对环法自行车赛产生了无限梦想。我当时有一辆自行车,不过是那种带辅助轮的童车。我在电视上看到贝尔纳·伊诺[2]骑行,不禁在露台上骑着童车模仿起来。如果角度合适,只看影子,我就看不到辅助轮。不久之后,由于这种想象的力量,我鼓起勇气取下了辅助轮。一开始我摔了几次,但由此带来的愉悦超过了摔倒的疼痛。我不再因害怕而发抖,而是开心得发抖。终于,我知道如何骑车了。在那一刻到来之前,我完全不知道,但那一刻之后,我一下子知道了。因为从某种意义上说,我早已知道了,我在梦中已经那么做了。梦并没有让我远离目标,相反,它帮助我达成了目标。太棒了!任何沉浸在想象之中的身体都会被一股叫做"希望"力量所推动。

"如果你面对的是较清晰、用时也较长的工作,你或许应该在行动之前先考虑清楚,但在思考之前,你必须先要有梦。成果最为丰硕的那些决策往往都与夜梦有关。夜里,我们回到那个可以放心休憩的黑甜乡,我们体验信任,体验睡眠。睡眠不佳的人无法拥有自信。睡眠往往被认为是意识的中断,但实际上,它是与自我联系的纽带。正常的梦,也就是真正的梦,往往是实际生活的序曲,而不是其后遗症。"[3] 带来建议的不是夜,而是梦。梦是意愿的前提。

这一观点也适用于我们的白日梦,那些鼓舞着我们、给

---

1 加斯东·巴什拉,《空气与幻梦》(*L'air et les songes*, José Corti, 1943)。
2 Bernard Hinault(1954—),法国著名自行车手,五次获得环法自行车赛总排名第一。——译注
3 加斯东·巴什拉,《土地或意志的梦想》。

我们的人生带来意义的梦想。鲁斯唐向我们展示了如何只靠一个动作就能除去心理障碍，而巴什拉还要彻底，他认为只需"想象"一个动作，便不但能去除障碍，还能让人运行起来。正如他的医生朋友罗贝尔·德苏瓦耶[1]发明的"心理愈合术"（psychosynthèse）——与冗长、艰难的精神分析不同，这一方法能够迅速创建一个崭新的灵魂。巴什拉在《空气与幻梦》一书中对此做了详尽的介绍，并在《土地或意志的梦想》里做了补充。我在此只举两个小例子，简单得惊人。

想要摆脱烦恼的人可以想象把它们清扫干净。"但不要只停留在词语中，"巴什拉指出，"体会那些动作，想象那些图景，延续图景中的生活。必须让想象去'指挥扫帚'。你要扫除的是什么？烦恼还是顾虑？两种情况各有各的扫法。每一种情况下，你都能感知细琐与决断的辩证法在起作用。[如果是失恋的痛苦，]那么扫除的动作要慢，要意识到梦结束了。随后你可以呼吸，因为任务完成了，灵魂虔敬，平静，有一点清明，有一点空虚，有一点自由。这场小小的、非常小的图景化精神分析把可怕的精神分析师的任务下放给了图景。但愿'人人自扫门户'，我们就不再需要那种无视隐私的帮助了。非个人化图景在此负责将我们从私人图景中治愈。图景治愈图景，梦想治愈回忆！"注意，巴什拉提醒说，若是不想让那些动作白费力气，就一定不能假装，要真诚地去想象，直接地去经历。扫除烦恼，只有当你不带嘲讽地彻底投入其中才会有效。

现在再来看假想升空练习。想象你正笃定地登上一个缓坡，

---

[1] Robert Desoille(1890—1966)，法国心理治疗师，尤其发明了"可控白日梦"疗法。——译注

道路平坦。眺望山顶，有树，有鸟。请沉浸到步行登坡的节奏中去。"空中旅行的邀请，如其应有的那样，带有上升的意思，总是与一种轻微登高感密不可分。""飞行不需翅膀。"菲利普·珀蒂证实，"没有翅膀的人可以通过向上看而飞行。"如果你觉得自己卡住了，再也上不去了，不妨原地转个圈——想象的。然后继续上行，直至逐渐脱离地面。成功的假想升空练习应以飞行结束，能让你体会到假想空中生活的全部益处："沉重的烦恼全都忘却了，还不止，它们被某种期待的状态所替代。"每次假想飞行练习之后，必须安排降落，它应该"没有干扰，没有晕眩，没有恐慌，没有急坠，把做梦者放回地面。降落位置应比升空起始位置稍高一些，以便做梦者能长久保持自己并非完全'落地'、在真实生活中继续在空中飞行的高度上生活的印象"。

这两项练习看上去很简单，因此它们只会说服那些去真正尝试的人。正确想象、正确引导自己的梦想是一门技艺，需要日复一日夜复一夜地提高改进。注意："意图不是想象。不能胡乱想象。分裂的想象力无法使人幸福。平静原则必须加诸所有激情，包括力量的激情。"你想平静下来？巴什拉在《梦想的诗学》（*Poétique de la rêverie*）里介绍了一种百试不爽的方法："面对那安详地从事其照明工作的轻柔火焰慢慢呼吸。"没有蜡烛的话，你可以闭上眼，对着一朵想象的火苗呼吸。火的梦想，空气的梦想，水的梦想，土地的梦想，总之，你看到了，想象不应是强加的，而是主动选择的，和谐统一的。以此为前提，那么轻松将不止存在于梦想，而成为切身的体验。

你知道接下来该怎么做了。

尾　声

> 远景不是一个点，而是一片大陆。
>
> ——菲利普·珀蒂

我在巴黎开始写这本书，然后在德拉吉尼昂继续写，不过书中的主要内容是在希腊纳克索斯岛、希罗斯岛、蒂诺斯岛以及雅典完成的。满目的海景，日常的潜水，被凉风中和了的温暖空气，与爱人在山峦间漫步，朋友和陌生人的招待，以及随处可见的、几乎不用浇水却果实丰盛的葡萄藤和无花果树……说实话，在这种环境中写作比在巴黎轻松多了。轻松也意味着轻松的环境。这本书与我最初梦想写成的样子并不相同，它不是那么完整，也没那么完美，但它存在了，在写作中，我运用了其中谈到的所有准则，包括对完美主义的抛弃。如果我在写作过程中感受到的快乐能够部分地传到本书的阅读中，那我的目标就算是达成了。不用太勉强，也用不着思考和瞄准。如果你在阅读这本书的时候能够从中获得新的图景、新的方法以及新的观念，那就更棒了。当然，这都只是一点建议，本书也无非是一本"机场书"。不过，与在教室里正襟危坐时读的书相比，舒服地坐在椅子上时漫不经心读的书难道就一定价值较低吗？我希望我能让你得出否定的结论。

弗朗索瓦·鲁斯唐曾写道："某日，一个自我忧虑直至自我怨弃的病人来找我。几分钟的谈话后，我让他站起来，然后迈一步。由于我用了下命令的语气，这个人二话不说就按我的话做了，他不经思考就做出了行动。这时，他一下子就从对自己的形象和行动的忧虑中解放出来。他感到非常释然，脸上那副备受煎熬的表情也缓和了下来。在享受了几分钟久违的平静之后，他认为这种改变是不可能的，因为做法过于简单了。当他向我表达惊奇的时候，我也表达了我的惊奇。这个病人没有再来我的诊所，估计又陷入了那种自我焦虑的状态。但我唯一的希望就是他不要忘记曾经发生的事。这个希望或许是徒劳的。他虽然有过意图和行动之间无缝衔接的那种感觉，但这种感觉对他而言是不可承受的。"[1]记得在文科预备班里，我也多次有过这种灰心沮丧的感觉。为什么要浪费青春读书学习呢？保罗·尼赞[2]曾说过："我当时二十。我不允许任何人说那是生命中最好的年纪。"这句名言陪伴我度过了巴黎的灰色生活。在路易大帝高中，我埋头在各种书籍、拉丁语－法语翻译和测验之中。我挤在5.8平方米的学生宿舍里（这个精确的面积是隔壁数学班学生计算出来的），每天有14个小时靠在课桌和宿舍的桌板边读书。当时我特别想去耶尔的海滩上奔跑、骑车，想跃入海里一直游到三百米的浮标线，想打网球，想去远足，想玩飞盘，想学帆板，想去空手道俱乐部，还想和理查德一起到海下用鱼叉打鱼——理查德是我在初三年级结识的鱼类专家，尤其了解章鱼和欧鳊鱼。我曾梦到加缪，梦见

---

[1] 弗朗索瓦·鲁斯唐，《第一，不要对着干：身体的在场》。
[2] Paul Nizan(1905—1940)，法国哲学家、作家。——译注

他一副守门员的装扮，在阿尔及利亚炎热的尘土中扑救，然后一头扎进地中海的海水中；我眼前还时常浮现出萨特的身影，他在花神咖啡馆里吞云吐雾，沉浸于哲学概念之中，仿佛在存在与虚无之间踌躇不决。快乐的时光和充满活力的身体，那一切都结束了。巴黎只剩下冰冷而抽象的精神。多么可惜！我不再有时间从事体育活动，也不再有时间恋爱和写作。或许将来会有吧。有一天，我在兼作邮箱的储物柜中发现了一张空手道课程的海报，那家武馆就在学校附近的马勒伯朗士街——离笛卡儿街不太远。海报上印着近代空手道创始人船越义珍大师的肖像，同时还附了一句阿兰的名言，那句话听起来既像是感悟，又像是承诺，他说："行动的秘密在于行动。"

因此，我建议你，作为在这条轻松之路上的第一个经验，在读完这几行字并且合上书之后，站起身，迈一步。不要思考，也不要犹豫。现在就做。

致 谢

感谢埃尔莎,感谢她的信任与耐心

感谢奥诺琳娜,感谢她的洞察力与"国际灵感"

感谢玛伊黛,感谢她的支持与牺牲的假期

感谢扬恩,感谢他的仔细审读

感谢吉勒与马蒂厄,感谢他们轻盈的封面设计

感谢安娜,感谢她对本书的热情关怀

感谢阿列克西斯,感谢他向我介绍了弗朗索瓦·鲁斯唐和亚历山大·格罗滕迪克

感谢克里斯托夫,感谢他向我推荐了《脑力劳作》

感谢安德烈,感谢他在打网球的时候向我介绍了德勒兹

感谢于贝尔,感谢他在"文具匣"餐厅一边碰着杯一边让我意识到阿兰的价值

感谢让-亨利,感谢他不灭的友谊

感谢让,感谢他同我讲述他与巴什拉的友情,并赐予我他的友情

感谢瓦妮萨,感谢她不作瞄准通过了毕业考

感谢吉勒与弗朗索瓦丝,感谢他们与我分享愉悦,共饮美酒

感谢米尔托斯与伊里尼,感谢你们的接待和月蚀

感谢约尔戈斯,感谢纳克索斯岛园子里的葡萄、西红柿、无花果

感谢米夏埃利斯,感谢希罗斯岛上的烤鲷鱼

感谢阿里斯,感谢蒂诺斯岛上关于葡萄酒的对话

感谢阿兰·帕萨德,感谢让我在"琶音"餐厅度过的愉快的圣诞节

感谢我的父母,感谢他们的爱

感谢我的孩子,感谢他们的活力

感谢劳拉,感谢她的目光和所有其他

图书在版编目（CIP）数据

轻松的智慧 / (法) 奥利维耶·普里奥尔著；王师译
. -- 上海：上海文艺出版社，2024.1
ISBN 978-7-5321-8638-9

Ⅰ.①轻… Ⅱ.①奥… ②王… Ⅲ.①成功心理－通俗读物 Ⅳ.①B848.4-49

中国国家版本馆CIP数据核字(2023)第199584号

ORIGINALLY PUBLISHED IN FRANCE AS
FACILE, L'ART FRANÇAIS DE RÉUSSIR SANS FORCER BY OLLIVIER POURRIOL
© EDITION MICHEL LAFON 2018
CURRENT CHINESE TRANSLATION RIGHTS ARRANGED THROUGH DIVAS
INTERNATIONAL, PARIS 巴黎迪法国际版权代理（WWW.DIVAS-BOOKS.COM）
SIMPLIFIED CHINESE EDITION COPYRIGHT © 2023
SHANGHAI LITERATURE & ART PUBLISHING HOUSE
ALL RIGHTS RESERVED.
著作权合同登记图字：09-2019-932

发 行 人：毕　胜
责任编辑：赵一凡
封面设计：朱云雁

书　　名：轻松的智慧
作　　者：[法]奥利维耶·普里奥尔
译　　者：王　师
出　　版：上海世纪出版集团　上海文艺出版社
地　　址：上海市闵行区号景路159弄A座2楼 201101
发　　行：上海文艺出版社发行中心
　　　　　上海市闵行区号景路159弄A座2楼206室 201101 www.ewen.co
印　　刷：上海中华印刷有限公司
开　　本：889×1194 1/32
印　　张：5.875
插　　页：2
字　　数：111,000
印　　次：2024年1月第1版 2024年1月第1次印刷
I S B N：978-7-5321-8638-9/B.093
定　　价：52.00元
告 读 者：如发现本书有质量问题请与印刷厂质量科联系　T:021-69213456